U0289838

普通高等院校电气自动化控制类专业应用型本科规划教材

丛书主编 刘平

LabVIEW
程序设计基础

主 编 德湘轶

副主编 耿 欣李 姿晏 燕

清华大学出版社

北京

内 容 简 介

 LabVIEW 是一种基于图形化的程序设计语言,是用于仪器控制、数据采集、过程控制和测控技术的虚拟仪器开发系统。本书系统地介绍了基于 LabVIEW 的图形化编程语言的基本理论和虚拟仪器技术。全书共分 9 章,由浅及深地介绍了 LabVIEW 编程基础,包括程序的创建、结构、数据类型、图形与图表。与数据采集、信号处理与分析、界面布局、程序设计实例等内容,构成了完整的虚拟仪器开发系统技术基础。本书内容叙述详细,范例简单实用,使读者能够迅速掌握 LabVIEW 编程技巧。

 本书可作为测控技术、自动化、通信工程、电子信息、电气自动化等本科专业教材或教学参考书,也可供相关专业的工程技术人员参考。

图书在版编目(CIP)数据

 LabVIEW 程序设计基础/德湘轶主编. —北京:清华大学出版社,2012.11(2024.12重印)
 (普通高等院校电气自动化控制类专业应用型本科规划教材)
 ISBN 978-7-302-30217-9

 Ⅰ. ①L… Ⅱ. ①德… Ⅲ. ①软件工具-程序设计-高等学校-教材 Ⅳ. ①TP311.56

 中国版本图书馆 CIP 数据核字(2012)第 228432 号

责任编辑:孙 坚 赵从棉
封面设计:常雪影
责任校对:赵丽敏
责任印制:曹婉颖

出版发行:清华大学出版社
　　　　网　　　址:https://www.tup.com.cn, https://www.wqxuetang.com
　　　　地　　　址:北京清华大学学研大厦 A 座　　　　　邮　　编:100084
　　　　社 总 机:010-83470000　　　　　　　　　　　邮　　购:010-62786544
　　　　投稿与读者服务:010-62776969, c-service@tup.tsinghua.edu.cn
　　　　质量反馈:010-62772015, zhiliang@tup.tsinghua.edu.cn
印 装 者:三河市君旺印务有限公司
经　　　销:全国新华书店
开　　本:185mm×260mm　　　　印　　张:14　　　　字　　数:333 千字
版　　次:2012 年 11 月第 1 版　　　　　　　　　　　印　　次:2024 年 12 月第 9 次印刷
定　　价:39.80 元

产品编号:048214-03

丛 书 序

目前,自动化控制类专业应用型本科教材还显匮乏。为此,在清华大学出版社的大力倡导和支持下,组建了普通高等院校电气自动化控制类专业应用型本科规划教材编委会,规划了这套实践与应用型特征明显的系列教材。

本系列教材根据应用型人才的培养目标和"应用为本、学以致用"的办学理念,贯彻"精、新、实"的编写原则,理论部分以"必需、够用"为度,精选必需的内容,其余内容引导学生根据兴趣和需要有目的、有针对性地自学;强化实践环节和动手能力,使学生在毕业时真正成为"懂专业、技能强、能合作、会做事"的可以直接上岗的高素质技术应用型人才。

虽然,近年来实践与应用型教材开始受到重视,但总体来说仍处于探索推广阶段,需要广大的教育工作者共同努力,勇于探索,积极交流。为此,我们热切欢迎广大读者提出宝贵的意见和建议,同时也欢迎有志于实践与应用型教材探索与推广的老师参与到系列教材的编写开发中来。

交流邮箱: liuping661005@126.com。

刘 平 教授

普通高等院校电气自动化控制类专业应用型本科规划教材丛书主编

沈阳理工大学应用技术学院信息与控制学院院长

2012 年 10 月于李石开发区

前　言

　　LabVIEW 是一种基于图形化的程序设计语言，是由美国国家仪器公司（NI 公司）出品的软件产品，从 1986 年问世至今已经升级到 2010 版本。它采用全新的图形化编程技术，直观、易学、易用，是测控领域工程师进行虚拟仪器开发的行业标准软件，无论工程师是否具有丰富的软件开发经验，都能顺利应用，因此，已经成为通信、电子、自动化及测控技术等专业大学生必修的一门专业应用型课程。

　　基于 LabVIEW 的程序设计可以大量减少硬件设备的使用，利用较少的资源便可以进行丰富多彩的实践教学活动，为工科院校实验教学提供了良好的教学平台，大大提高了实验效率。

　　本书将使初学者快速地达到使用 LabVIEW 设计测量系统的能力。从基础出发，本着实用原则，内容由浅及深。首先，重点介绍虚拟仪器的概念和基础知识。其次，全面详细地介绍了虚拟仪器软件编程环境、编辑和调试方法，如何创建 VI 程序。再次，介绍了 LabVIEW 的数据类型、结构、图形和图表的应用。使读者能够很快地获得 LabVIEW 程序设计的基础知识。同时，本书还介绍了 LabVIEW 数据的采集、处理与分析以及如何创建良好的人机交互界面等内容，并且加入了具体的程序设计实例，内容完整，叙述详细，实例简单实用，使读者能够迅速掌握 LabVIEW 编程技巧。全书突出知识点的逻辑性，知识点清晰、明确，内容连贯，重点突出，面向应用，提高能力。

　　本书由德湘轶任主编，耿欣和李姿任副主编，其中第 1~3 章由德湘轶执笔，第 4、5 章由李姿执笔，第 6~9 章由耿欣、晏燕执笔，全书由德湘轶统稿定稿。在编写过程中得到了刘平院长的大力支持和帮助，杨芮、江兴颖、顾红光、戎莹莹、刘慧姝进行了校对，在此一并表示感谢。

　　由于时间仓促，编者水平有限，书中难免存在错误和不妥之处，恳请读者批评指正。

编　者
2012 年 6 月

目 录

第 1 章

LabVIEW 与虚拟仪器

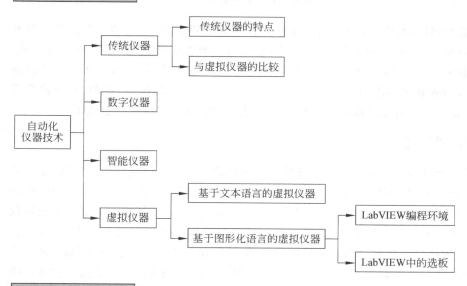

◇ 了解自动化仪器技术的发展,理解虚拟仪器的基本概念。

◇ 掌握 LabVIEW 软件开发环境,了解 LabVIEW 软件特点。

◇ 重点掌握 LabVIEW 软件开发环境的编程选板,能够运用选板编辑简单程序。

1.1 虚拟仪器基本概念

1.1.1 自动化仪器技术

自动化仪器技术的发展经历了模拟(传统)仪器、数字仪器、智能仪器三个阶段,从 20 世纪 80 年代进入虚拟仪器时代。自动化仪器技术的早期发展阶段,仪器系统指的是"纯粹"的模拟测量设备,例如 EEG 记录系统或示波器。作为一种完全封闭的专用系统,它们包括电源、传感器、模拟至数字转换器和显示器等,并需要手动设置以将数据显示到标度盘或者采取将数据打印在纸张上等各种形式。这些仪器系统都可以认为是传统仪器,只能够通过设置在面板上的各种"控件"(旋钮或按钮)来完成一些操作和功能,可将被测量的信号进行"数值显示"或"波形显示"。这些所谓的"控件"都是实物,并且通过手动触摸进行操作。仪器的测量、测试及分析功能由具体的模拟或数字电路来实现。图 1.1 所示为两种类型的传统仪器。

图 1.1　模拟仪器和数字仪器

通用接口总线(GPIB,IEEE 488)的出现标志着以电子测量技术、自动控制技术和计算机技术融合为基础的"自动化测试"概念的诞生,它作为一种连接仪器和计算机的标准方式,帮助工程师将原始数据传输到计算机处理器,执行分析功能并显示结果,真正实现了高速度、高准确度、多参数和多功能的测试。可以说,相对于封闭的传统仪器,这种"打开测量系统、允许用于自定义分析算法并配置数据的显示方式"的概念就是"虚拟仪器技术"。

1.1.2　虚拟仪器概述

虚拟仪器(virtual instrument,VI)是仪器技术和计算机技术深层次结合的产物,是计算机测试(computer test)领域的一项重要技术,由美国国家仪器公司(National Instrument Corp,NI)1986 年推出的概念。它的出现彻底改变了传统的仪器观,从根本上更新了测量仪器的概念,带来了一种全新的仪器观念,代表着测量仪器发展的最新方向和潮流,是未来仪器产业发展的一大趋势。在这个概念下的测量仪器,计算机处于核心地位,利用高性能的模块化硬件,结合高效灵活的软件来完成各种测试、测量和自动化的应用。灵活高效的软件能创建完全自定义的用户界面,模块化的硬件能方便地提供全方位的系统集成,标准的软硬件平台能满足对同步和定时应用的需求。只有同时拥有高效的软件、模块化 I/O 硬件和用于集成的软硬件平台这三大组成部分,才能充分发挥虚拟仪器技术性能高、扩展性强、开发时间少,以及出色的集成这四大优势,利用计算机软件程序实现传统仪器的测量、分析、处理等功能,将计算机软件技术和测试系统更紧密地结合成一个有机整体,使仪器的结构、概念和设计观念发生突破性的变化。虚拟仪器与传统仪器结构比较如图 1.2 所示。

虚拟仪器是利用硬件系统完成信号的采集、测量与调理,利用计算机强大的软件功能实现信号数据的运算、分析和处理,利用计算机的显示器代替传统仪器的控制面板,以多种形式进行结果显示,从而完成所需的各种测试功能。这里的"虚拟"主要体现在两个方面:

(1) 虚拟控制面板　虚拟仪器面板上的各种控件,其外形与实物或传统仪器的控件图标相像,而实际功能通过相应的软件程序实现。

(2) 虚拟的测量、分析与处理　虚拟仪器利用软件程序实现测量、分析与处理的功能。由此可见,虚拟仪器是由计算机硬件资源、模块化仪器硬件以及用于数据分析、处理和图形化用户界面设计的软件组成的测控系统,是一种基于计算机的模块化仪器系统。虚拟仪器技术已经成为测试、工业 I/O 和控制产品设计的主流技术,随着虚拟仪器技术的功能和性

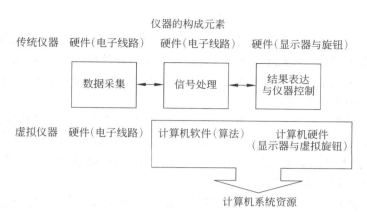

图 1.2　虚拟仪器与传统仪器结构比较示意图

能不断地提高,如今在许多应用中它已成为传统仪器的主要替代方式。随着 PC、半导体和软件功能的进一步更新,未来虚拟仪器技术的发展将为测试系统的设计提供一个极佳的模式,并能使工程师在测量和控制方面得到强大功能和灵活性。图 1.3 所示为一种类型的虚拟仪器的用户界面示意图。

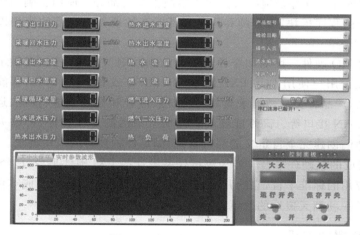

图 1.3　虚拟仪器用户界面

1.1.3　虚拟仪器的特点

由于虚拟仪器是一种基于计算机的测试技术,可以充分利用计算机丰富的软、硬件资源以及强大的图形化环境和在线帮助功能,完成完全自定义的用户界面,大大改善了传统仪器在数据处理、表达、存储等方面的限制,达到了传统仪器无法比拟的效果。其特点主要体现在以下几个方面。

(1) 性能高。虚拟仪器技术是在 PC 技术的基础上发展起来的,所以完全"继承"了以现成即用的 PC 技术为主导的最新商业技术的优点,包括功能强大的处理器和文件 I/O,使用户在数据高速导入磁盘的同时就能实时地进行复杂的分析。此外,当前正蓬勃发展的一些新兴技术(如多核、PCI Express 等)也成为推动虚拟仪器技术发展的新动力,使其展现出更强大的优势。

（2）扩展性强。虚拟仪器软硬件工具可使得工程师和科学家不再囿于固有的、封闭的技术之中。只需更新计算机或测量硬件，就能以最少的硬件投资和极少、甚至无须软件上的升级来改进整个现有系统。在利用最新科技时，可将其集成于现有的测量设备，最终以较少的成本加速产品的上市时间。

（3）开发时间少。在驱动和应用两个层面上，虚拟仪器高效的软件构架能与计算机、仪器仪表和通信方面的最新技术结合在一起。软件构架的初衷本就是为了在方便用户操作的同时，提供高灵活性和强大的功能，使用户可以轻松地配置、创建、发布、维护和修改高性能、低成本的测量和控制解决方案。

（4）出色的集成。虚拟仪器技术从本质上说是一个集成的软/硬件概念。随着产品在功能上不断趋于复杂，工程师通常需要集成多个测量设备来满足完整的测试需求，而连接和集成这些不同设备总要耗费大量时间。虚拟仪器软件平台为所有 I/O 设备提供了标准接口，可以帮助用户轻松地将多个测量设备集成到单个系统，减少了任务的复杂性。

虚拟仪器技术由三大部分组成：高效的软件、模块化 I/O 硬件、用于集成的软硬件平台。

（1）高效的软件　软件是虚拟仪器技术中最重要的部分。使用正确的软件工具并通过设计或调用特定的程序模块，工程师和科学家可以高效地创建自己的应用以及友好的人机交互界面。

（2）模块化 I/O 硬件　面对如今日益复杂的测试测量应用，已经提供了全方位的软硬件解决方案。无论用户使用 PCI、PXI、PCMCIA、USB 或者 1394 总线，都能提供相应的模块化的硬件产品，产品种类从数据采集、信号调理、声音和振动测量、视觉、运动、仪器控制、分布式 I/O 到 CAN 接口等。高性能硬件产品结合灵活的开发软件，可以为负责测试和设计工作的工程师们创建完全自定义的测量系统，满足各种独特的应用要求。

（3）用于集成的软硬件平台　专为测试任务设计的 PXI 硬件平台，已经成为当今测试、测量和自动化应用的标准平台，它的开放式构架、灵活性和 PC 技术的成本优势为测量和自动化行业带来了一场翻天覆地的改革。

1.1.4　虚拟仪器的组成

虚拟仪器系统由仪器硬件和应用软件两部分组成。仪器硬件是计算机的外围接口电路，与计算机一起构成了系统的硬件环境，是应用软件的基础；应用软件是虚拟仪器的核心，在基本硬件确定后，软件通过不同功能的软件模块组合构成多种仪器，以实现不同的测量功能。

目前，按照硬件接口的不同，虚拟仪器可分为基于 PC 总线、GPIB 总线、VXI 总线和 PXI 总线的 4 种标准体系结构。

虚拟仪器软件框架从底层到顶层，由 VISA、仪器驱动程序、应用软件三部分构成。

（1）所谓 VISA，即虚拟仪器软件体系结构库、标准 I/O 函数库及相关规范的总称，对于虚拟仪器驱动程序的开发编程者来说，VISA 是一个可调用的操作函数集。

（2）仪器驱动程序是指能实现某一仪器系统控制与通信的软件程序集，是应用程序实现对仪器控制的桥梁，又称为驱动器。目前广泛使用的驱动器规范有 VPP（即插即用型驱动器)规范和 IVI(互换型驱动器)规范两种类型。

（3）应用软件是直接面向操作用户的程序,建立在仪器驱动程序之上,通过提供的测控操作界面、丰富的数据分析与处理功能完成自动测试任务。目前,应用软件的开发工具主要有通用编程软件和专业图形化编程软件两大类。

① 通用文本编程软件:主要有 Microsoft 公司的 Visual Basic 和 Visual C++ ,Borland 公司的 Delphi,Sybase 公司的 PowerBuilder。这类软件功能强大,但需要开发者具备较高的软件编程技术。

② 专业图形化编程软件:主要有 HP 公司的 VEE,NI 公司的 LabVIEW。这类软件专门用于虚拟仪器的开发,对开发者的编程技术要求不高。用户只要了解软件的总体功能,即可在较短时间内方便快捷地进行程序编辑,实现虚拟仪器的功能。

1.2　LabVIEW 概述

1.2.1　LabVIEW 的特点与功能

LabVIEW(Laboratory Virtual Instrument Engineering Workbench,实验室虚拟仪器工作平台)是美国 NI 公司推出的一种基于图形编程方法的虚拟仪器软件开发工具,用图标代替文本行创建应用程序,采用数据流编程方式,程序框图中节点之间的数据流向决定了程序及函数的执行顺序。与普通文本类编程语言 C、BASIC 一样,LabVIEW 也是通用的编程系统,有一个可完成任何编程任务的庞大函数库。LabVIEW 的函数库包括数据采集、GPIB、串口控制、数据分析、数据显示及数据存储等。LabVIEW 也有传统的程序调试工具,如设置断点、以动画方式显示数据及其子程序(子 VI)的结果、单步执行等,便于程序的调试。

LabVIEW 的出现大大提高了虚拟仪器的开发效率,降低了对开发人员的要求。用 LabVIEW 设计的虚拟仪器可脱离 LabVIEW 开发环境,最终用户看见的是和实际的硬件仪器相似的操作面板。LabVIEW 为虚拟仪器设计者提供了一个便捷、轻松的设计环境。设计者可以像搭积木一样,轻松组建测试系统并构建自己的仪器面板,无须进行任何烦琐的计算机代码编写。

作为基于图形化编程语言的开发环境,LabVIEW 所包含的各种特性使其成为开发测试、测量、自动化及控制应用的理想工具,直观、自然、简洁的程序开发方式大大降低了学习难度,开发者可以通过各种交互式控件、对话框、菜单及函数模块进行编程。由于尽可能采用通用硬件,所以各种仪器的差异主要在软件方面。可充分发挥计算机的能力,有强大的数据处理功能,可以创造出功能更强的仪器。用户可以根据自己的需要定义和制造各种仪器。控件、函数模块都以图形化形式出现,非常直观,易读、易操作,其功能可总结为以下三方面。

（1）简单易用的图形化开发环境,应用程序生成器、源代码控制及复杂矩阵运算功能的附加开发工具。

（2）基于图形化的编程语言采用数据流编程模式,程序的执行顺序决定于节点在数据流中的位置。数据由起点流向终点。

（3）不仅是一种编程语言，还是一种用于测量和自动化的特定应用程序开发环境，同时是一种用于快速设计工业原型和应用程序的高度交互式的开发环境。实现了对 FPGA 等硬件的支持。

1.2.2 LabVIEW 的发展历程

虚拟仪器的起源可以追溯到 20 世纪 70 年代，那时计算机测控系统在国防、航天等领域已经有了相当的发展。PC 出现以后，仪器级计算机化成为可能，甚至在 Microsoft 公司的 Windows 诞生之前，NI 公司已经在 Macintosh 计算机上推出了 LabVIEW 2.0 以前的版本。对虚拟仪器和 LabVIEW 长期、系统、有效地研究开发使得该公司成为业界公认的权威。NI 改变着全球工程师和科学家进行系统设计、原型与部署的方式，以适应测试、控制和嵌入式设计应用。NI 开放的图形化编程软件和模块化硬件，帮助 25 000 多家公司的客户简化开发、提高效率，并极大地缩短了产品上市时间。从 1986 年问世至今，LabVIEW 有数个不同版本，可支持多个流行的操作系统，主要发展历程如下：

- 1986 年 4 月，NI 公司推出了 LabVIEW Beta 测试版。
- 1986 年 10 月，NI 公司正式推出了 LabVIEW 1.0 for Macintosh 版本，该版本为解释型和单色的。
- 1990 年 1 月，LabVIEW 2.0 版本问世，增加了色彩功能。
- 1993 年 1 月，LabVIEW 3.0 版本开发完成。
- 1998 年 2 月，LabVIEW 5.0 版本问世，该版本是一个里程碑。
- 2003 年，LabVIEW 7 系列推出，引入了新的数据类型——动态数据类型。
- 2005 年，LabVIEW 8 版本问世。
- 2006 年，作为 20 周年纪念版的 LabVIEW 8.2.0 面世。
- 2009 年，LabVIEW 2009 版本发布，该版本的多核心执行功能具有新的平行 For Loops 架构，可自动跨多组处理器切割回路循环。
- 2010 年 8 月，LabVIEW 2010 问世，代表着 NI 公司最新的研发技术。

1.2.3 LabVIEW 2010 的功能改进

LabVIEW 2010 的改进功能主要体现在以下几个方面：
（1）程序框图的改进；
（2）前面板的改进；
（3）编程环境的改进；
（4）LabVIEW 项目的改进。

1.2.4 LabVIEW 的应用

LabVIEW 软件目前已在航天、汽车、电子产品、石油与天然气、半导体测试、太阳能、风能等行业广泛应用。从工业生产领域到高等学校实验室，LabVIEW 的应用极为广泛。工业领域中可应用于生产检测、研究与分析、过程控制和工业自动化、机器监控。涉及的技术包括电子测量、物理探伤、电子工程、振动分析、声学分析、故障分析、医学信息处理、射频信号处理等。其中在以下几个方面的应用尤为突出。

（1）测试测量　　LabVIEW 最初就是为测试测量而设计的,因而测试测量是现在 LabVIEW 最广泛的应用领域。经过多年的发展,LabVIEW 在测试测量领域获得了广泛的承认。至今,大多数主流的测试仪器、数据采集设备都拥有专门的 LabVIEW 驱动程序,使用 LabVIEW 可以非常便捷地控制这些硬件设备。同时,用户也可以十分方便地找到各种适用于测试测量领域的 LabVIEW 工具包。这些工具包几乎覆盖了用户所需的各种功能,用户在这些工具包的基础上再开发程序就容易多了。有时甚至只需简单地调用几个工具包中的函数,就可以组成一个完整的测试测量应用程序。

（2）控制　　控制与测试是两个相关度非常高的领域,从测试领域起家的 LabVIEW 自然而然地首先拓展至控制领域。LabVIEW 拥有专门用于控制领域的模块——LabVIEWDSC。除此之外,工业控制领域常用的设备、数据线等通常也都带有相应的 LabVIEW 驱动程序。使用 LabVIEW 可以非常方便地编制各种控制程序。

（3）仿真　　LabVIEW 包含多种多样的数学运算函数,特别适合进行模拟、仿真、原型设计等工作。在设计机电设备之前,可以先在计算机上用 LabVIEW 搭建仿真原型,验证设计的合理性,发现潜在的问题。在高等教育领域,有时使用 LabVIEW 进行软件模拟可以达到同样效果,使学生不致失去实践的机会。

（4）儿童教育　　由于图形外观漂亮且容易吸引儿童的注意力,同时比文本更容易被儿童接受和理解,所以 LabVIEW 非常受少年儿童的欢迎。对于没有任何计算机知识的儿童而言,可以把 LabVIEW 理解成是一种特殊“积木”:把不同的原件搭配在一起,就可以实现自己所需的功能。著名的可编程玩具“乐高积木”使用的就是 LabVIEW 编程语言。儿童经过短暂的指导就可以利用“乐高积木”提供的积木搭建成各种车辆模型、机器人等,再去使用 LabVIEW 编写控制其运动和行为的程序。除了应用于玩具,LabVIEW 还有专门用于中小学生教学使用的版本。

（5）快速开发　　根据笔者参与的一些项目统计,完成一个功能类似的大型应用软件,熟练的 LabVIEW 程序员所需的开发时间,大概只是熟练的 C 程序员所需时间的 1/5 左右。所以,如果项目开发时间紧张,应该优先考虑使用 LabVIEW,以缩短开发时间。

（6）跨平台　　如果同一个程序需要运行于多个硬件设备之上,也可以优先考虑使用 LabVIEW。LabVIEW 具有良好的平台一致性。LabVIEW 的代码不需任何修改就可以运行在常见的三大台式机操作系统上:Windows、Mac OS 及 Linux。除此之外,LabVIEW 还支持各种实时操作系统和嵌入式设备,比如常见的 PDA、FPGA 以及运行 VxWorks 和 PharLap 系统的 RT 设备。

同时,LabVIEW 在我国高等院校电子信息及控制技术的专业课中也得到了较好应用。这些专业课程内容往往较为抽象,在培养实际动手能力和创新能力方面经常受到实验室设备、条件的限制。LabVIEW 软件替代了传统实验仪器,模拟一些功能不同的实验过程,使实验者有更多的时间理解原理和掌握设计,不需要花太多精力在编制复杂程序和实验仪器准备上,提高了学习效率。利用 LabVIEW 来辅助学习,达到了事半功倍的效果。

虚拟仪器研究的另一个问题是各种标准仪器的互连及与计算机的连接。目前使用较多的是 IEEE 488 或 GPIB 协议。随着物联网技术的不断发展,未来的仪器也应当是网络化的,虚拟仪器的优势将更加突出。

1.3　LabVIEW 的开发环境

1.3.1　LabVIEW 的安装

LabVIEW 2010 可以安装在 Windows 2000/XP/Vista、Windows 7、Mac OS、Linux 系统中，不同的系统在安装时对系统配置的要求也不同。下面介绍 LabVIEW 在 Windows XP 系统中的安装方法。

将 LabVIEW 2010 安装光盘放入光驱，在弹出的对话框中选择"安装 LabVIEW 2010"选项，或直接运行光盘中的应用程序 setup.exe。安装过程需要激活用户的序列号，因此需要在线安装程序，开始安装，如图 1.4 所示。

图 1.4　LabVIEW 2010 安装程序启动界面

单击"下一步"按钮，提示输入用户序列号，如图 1.5 所示。

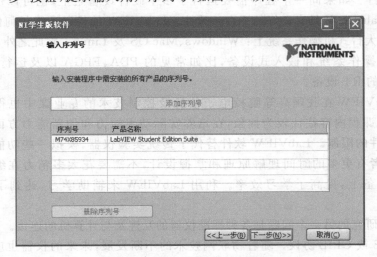

图 1.5　输入用户序列号界面

输入完成后,单击"下一步"按钮,出现默认的安装路径为"C：\Program Files\National Instruments\LabVIEW 2010",如图 1.6 所示。用户也可更换路径,2010 版本的 LabVIEW 通常需要 1 GB 左右的硬盘空间,因此尽可能选择硬盘空间大的文件夹路径。

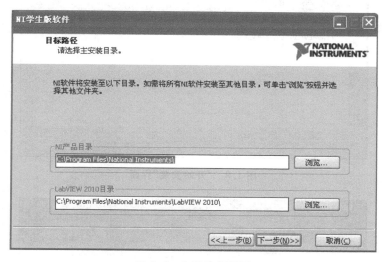

图 1.6　安装路径界面

单击"下一步"按钮,需要确认用户信息以便激活产品,用户须将真实信息填入"激活和注册产品"界面中,如图 1.7 所示。

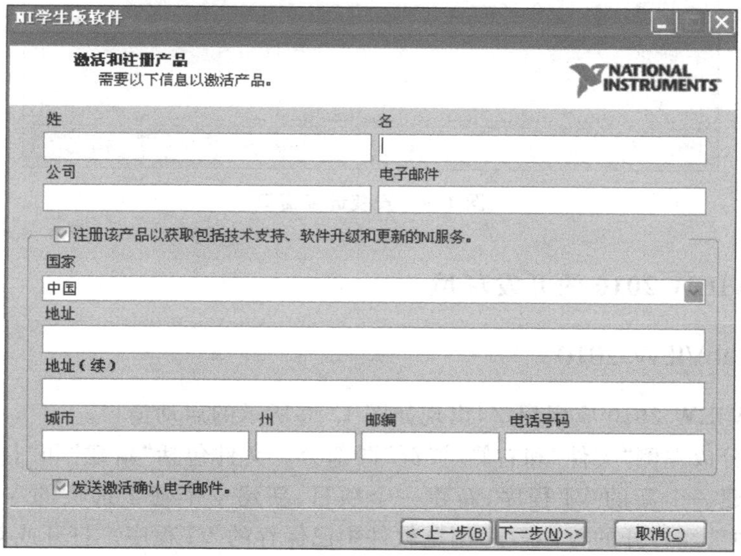

图 1.7　"激活和注册产品"界面

单击"下一步"按钮,开始安装 2010 学生版应用程序,如图 1.8 所示。

程序安装自动进行,这个过程大约需要 15 min。安装完成后,需要重新启动计算机才能最终完成安装,安装进度窗口如图 1.9 所示。

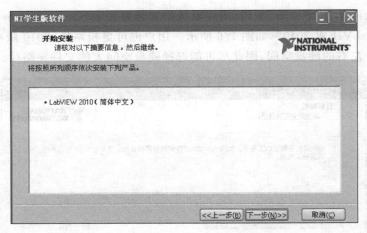

图 1.8 "开始安装"界面

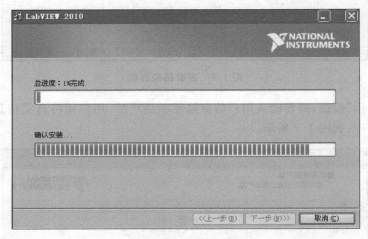

图 1.9 安装进度窗口

1.3.2 LabVIEW 2010 的开发环境

1. 启动 LabVIEW 2010

运行 LabVIEW 2010 应用程序,出现如图 1.10 所示的启动窗口。

启动窗口分成左侧"文件"和右侧"资源"两部分。文件包括"新建"和"打开"两个标签。"新建"包括创建一个新的 VI 程序、新建一个项目、新建一个基于选板的 VI 及更多。"打开"包括软件中已经打开的 VI 程序,浏览软件中已保存的 VI 程序。打开或新建一个 VI 程序后,启动窗口会自动关闭。关闭所有已经打开的 VI 程序后,启动窗口会再次出现。如果在程序编辑中需要回到启动窗口,可以通过在前面板或程序框图窗口选择菜单中的"查看"→"启动窗口"命令完成。

右侧的"资源"中包括了 NI 公司最新发布的消息、在线支持、帮助。其中帮助功能为使用者提供了详细、全面的帮助信息和大量图形化编程所需的模块信息、编程范例、仪器驱动程序。

(1) 显示即时帮助 是 LabVIEW 提供的实时快捷帮助窗口。即时帮助信息对于

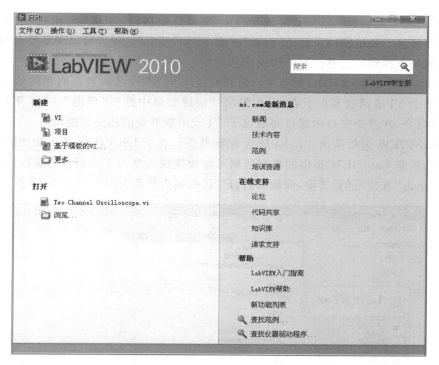

图 1.10　LabVIEW 2010 启动窗口

LabVIEW 初学者来说是非常有用的。在菜单栏中选择"帮助"→"显示即时帮助"命令，即可弹出即时帮助窗口。当需要了解某一节点、VI 或控件的信息时，可将光标移动到相应的节点、VI 或控件上，即时帮助窗口将显示其基本的功能说明信息，如图 1.11 所示，默认的即时帮助窗口是"加"节点的帮助信息。

（2）LabVIEW 帮助　　如果用户找不到相关的控件或函数，可以利用搜索 LabVIEW 帮助。LabVIEW 帮助包含了 LabVIEW 中全部详尽的帮助信息。在菜单栏中选择"帮助"→"搜索 LabVIEW 帮助"命令，弹出的帮助窗口如图 1.12 所示。

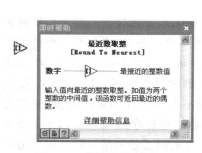

图 1.11　"即时帮助"窗口

图 1.12　"LabVIEW 帮助"窗口

  LabVIEW 帮助包含 LabVIEW 编程理论、编程分步指导,以及 VI、函数、选板、菜单和工具的参考信息。通过窗口左侧的"目录"、"索引"和"搜索"选项卡可以浏览整个帮助系统,也可以方便地查找到自己感兴趣的帮助信息。

  在 LabVIEW 编程过程中,如果用户想获取某个子 VI 或函数节点的帮助信息,可以在需要查找的子 VI 或函数节点上右击,在弹出的快捷菜单中选择"帮助"→"打开 LabVIEW 帮助窗口"命令,在这个窗口中即可获取该子 VI 或函数节点的相关帮助信息。

  (3) LabVIEW 编程范例 LabVIEW 编程范例包含了 LabVIEW 各个功能模块的应用实例,学习、借鉴 LabVIEW 提供的典型范例可以快速深入学习 LabVIEW 编程技巧。在启动界面下,单击"查找范例"选项,即能够打开"NI 范例查找器"窗口,如图 1.13 所示。

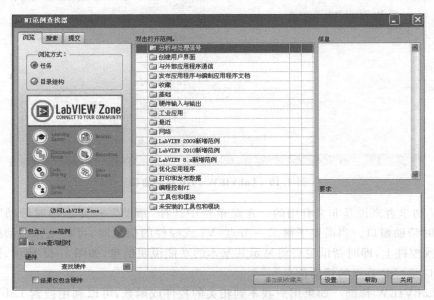

图 1.13 NI 范例查找器

  (4) LabVIEW 网络资源 包括 LabVIEW 论坛、培训课程以及 LabVIEW Zone 等丰富的资源。在启动界面下,单击"网络资源"选项,可以快捷地链接到 NI 公司的官方网站 www. ni. com。该网站提供了大量网络资源和 NI 爱好者上传的编程技巧和心得,是一个开放的网络学习平台,用户在此可以同全世界的 NI 用户进行交流、提问。

2. LabVIEW 2010 的编程界面

  在 LabVIEW 中开发的程序均统称为 VI(virtual instrument,虚拟仪器),其文件扩展名为. vi。每一个 VI 程序都包括前面板、程序框图和图标。当新建一个 VI 或打开一个已保存的 VI,会默认地出现两个窗口,即前面板和程序框图。用户可以在前面板上放置一些完成仪器功能的按键、旋钮、显示窗口等部分,这类似于传统仪器的操作面板。LabVIEW 提供了控件选板,其中集成了各类控件,用户可以根据需要选择不同的控件编辑前面板,使其看起来更加美观。程序框图窗口是用来实现虚拟仪器各项功能的程序编辑环境,LabVIEW 提供了函数选板,其中集成了实现不同功能的函数,用户可以根据需要调用不同的函数编辑程序,每个函数都以小图标形式体现,图标可以表示出每个函数的功能,这使得用户不用查阅工具书就能很直观地选择正确的函数。这两个窗口之间可以利用快捷键 Ctrl+E 进行任意切换,当程序框图窗口关闭后,可以通过前面板上菜单中的"窗口"→"程序框图"命令将其重新打开,若前面板窗口关闭,则程序框图窗口跟着关闭,回到启动窗口。下面介绍前面板窗口,如图 1.14 所示。

图 1.14　前面板窗口

该窗口上有交互式输入和输出两类对象,可以模拟真实仪器的显示界面,用于设置输入参数和显示、观察输出参数。在 LabVIEW 中,常把前面板的对象称为"控件"。设计者编辑 VI 程序前面板的过程就是用"工具选板"(前面板→"查看"→"工具选板")中的工具选择"控件选板"(前面板→"查看"→"控件选板")上的有关控件,放置到窗口中的适当位置。

程序框图是定义 VI 逻辑功能的图形化源代码,包括与前面板上的控件相对应的连线端子(又称为节点)、函数、子 VI、常量、结构、连线等。设计者编辑 VI 程序框图的过程就是用"工具选板"中的工具选择"函数选板"(程序框图→"查看"→"函数选板")中的内容,并用满足逻辑关系的连接线连接所选内容。程序框图窗口如图 1.15 所示。

图 1.15　程序框图窗口

　　图标作为每一个 VI 程序的特性或功能标识出现在编程界面的右上角,与一个 VI 程序的前面板和程序框图的图标相同。在子 VI 的创建中,给每一个子 VI 编辑相应的图标对子 VI 的调用具有较强的实际意义,使程序设计者可以很好地识别不同的子 VI 程序。默认的 VI 图标如图 1.16 所示。其编辑方法将在后续章节中讲述。

3. LabVIEW 菜单栏

　　在 LabVIEW 中,前面板窗口和程序框图窗口的菜单栏完全一样,如图 1.17 所示。

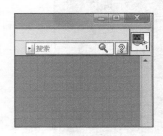

图 1.16　VI 图标

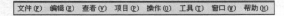

图 1.17　LabVIEW 菜单栏

　　"文件"菜单:包括了 VI 程序操作的指令,如图 1.18 所示。能够新建 VI、打开已保存的 VI、关闭 VI、保存 VI、另存为 VI、新建项目、打开已保存的项目、保存项目、关闭项目、打印 VI、对打印 VI 页面设置、查看 VI 属性、最近打开的项目、退出程序。

　　"编辑"菜单:包括了对 VI 及其组件编辑的命令,如图 1.19 所示。具体功能如下:

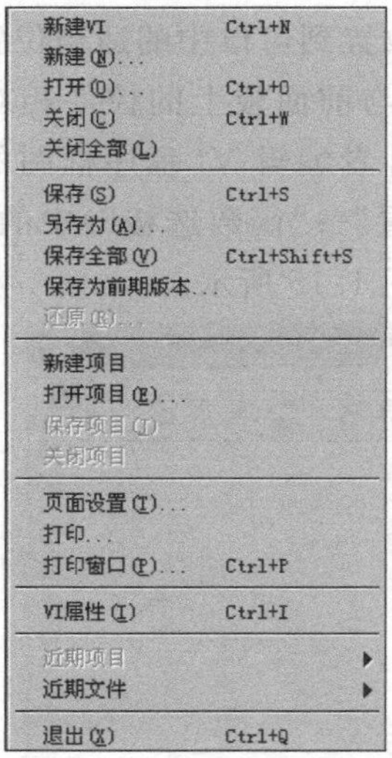

图 1.18　"文件"菜单

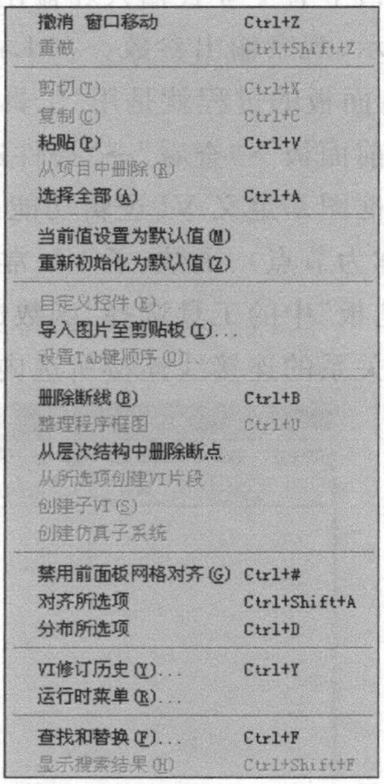

图 1.19　"编辑"菜单

　　(1)撤消:用于撤销上一步操作,恢复到本次编辑之前的状态。
　　(2)重做:执行与撤销相反的操作,再次执行上一次撤销所作的修改。
　　(3)剪切:删除选定的文本、控件或其他对象。

（4）复制：复制选定的文本、控件或其他对象。

（5）粘贴：将所复制的文本、控件或其他对象放到当前光标位置。

（6）从项目中删除：可将项目中选定的对象删除。

（7）当前值设置为默认值：将当前面板上对象的取值设为对象的默认值，下一次打开VI时，该对象将被赋予默认值。

（8）重新初始化为默认值：将前面板上对象的取值初始化为原来的默认值。

（9）自定义控件：用户可以定义控件。

（10）导入图片至剪贴板：用于从文本中导入图片。

（11）设置 Tab 键顺序：可以设定用 Tab 键切换前面板上对象时的顺序。

（12）删除断线：用于除去 VI 程序框图中由于连线不当造成的断线。

"查看"菜单：包含了所有与显示操作有关的命令，如图 1.20 所示。主要由控件选板、函数选板、工具选板、快速放置、断点管理器、VI 层次结构等组成。其中控件选板只能用于前面板窗口，函数选板只能用于程序框图窗口，工具选板可用于两个窗口。

"项目"菜单：包含了所有与项目操作有关的命令，如图 1.21 所示。

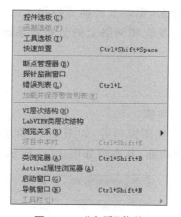

图 1.20　"查看"菜单

图 1.21　"项目"菜单

"操作"菜单：包含了对 VI 操作的基本命令，如图 1.22 所示。常用的具体操作命令功能如下：

（1）运行：运行 VI 程序。

（2）停止：终止 VI 程序。

（3）单步步入：单步执行进入程序单元。

（4）单步步过：单步执行完成程序单元。

（5）单步步出：单步执行之后跳出程序。

（6）调用时挂起：当 VI 被调用时，挂起程序。

"工具"菜单：包括了编辑时的所有工具，如图 1.23 所示。每个工具选项的功能如下：

（1）Measurement & Automation Explorer：打开 MAX 程序。

（2）仪器：可以选择连接 NI 的仪器驱动网络，或者导入 CVI 仪器驱动器。

（3）性能分析：可以查看内存及缓存状态，并对 VI 进行统计。

（4）安全：可以进行密码保护措施设置。

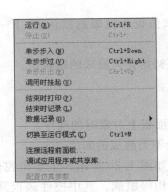

图 1.22 "操作"菜单

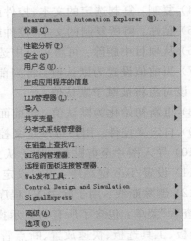

图 1.23 "工具"菜单

（5）生成应用程序的信息：可以产生编辑的程序的相关信息。

（6）LLB 管理器：对库文件进行新建、复制、重命名、删除及转换等操作。

（7）分布式系统管理器：对本地硬盘上的分布式系统和网络上的分布式系统进行综合管理。

（8）Web 发布工具：可以将程序发布到网络上。

（9）高级：对 VI 操作的高级工具。

（10）选项：设置 LabVIEW 及 VI 的一些属性和参数。

"窗口"菜单：打开各种窗口，如前面板窗口、程序框图窗口等，如图 1.24 所示。

"帮助"菜单：LabVIEW 提供了强大的在线帮助功能，其内容如图 1.25 所示。

图 1.24 "窗口"菜单

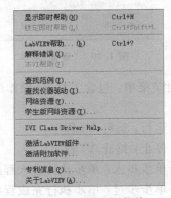

图 1.25 "帮助"菜单

4. LabVIEW 工具栏

前面板窗口的工具栏和程序框图窗口的工具栏非常类似，如图 1.26 和图 1.27 所示。

图 1.26 前面板工具栏

图 1.27　程序框图工具栏

(1) ⇨（运行）：单击该按钮可运行当前 VI 程序，运行中按钮变为 ➡。如果按钮变成 ➡️ 说明当前程序运行存在错误，单击此时该按钮，弹出对话框显示错误原因。

(2) 🔁（连续运行）：单击该按钮可连续运行 VI 程序。

(3) ⏺（终止执行）：VI 正在运行时变亮，单击终止运行，变暗。

(4) ⏸（暂停）：单击按钮暂停当前 VI 的运行，再次单击继续运行 VI。

(5) 12pt 应用程序字体（文本设置）：对选中文本的字体、大小、颜色、风格、对齐方式等进行设置。

(6) ▤（对齐对象）：使用不同方式对选中的若干对象进行对齐。

(7) ▥（分布对象）：使用不同方式对选中的若干对象间隔进行调整。

(8) ▦（调整对象大小）：使用不同方式对选中的若干前面板控件的大小进行调整，也可精确指定某控件的尺寸。

(9) ▧（重新排序）：调整选中对象的上、下叠放次序。

(10) ❓（显示/隐藏即时帮助窗口）：显示/隐藏一个小悬浮窗口，其中是关于鼠标所指对象的帮助内容。

程序框图工具栏与前面板工具栏一部分工具相同，其中，程序框图工具栏专门的工具包括：

(1) 💡（高亮显示执行过程）：单击则该按钮变为 💡，VI 程序运行过程可见，并可观察到数据在框图中的流动过程。可使程序编辑者随时检查程序执行情况。

(2) 📷（保存连线值）：单击该按钮变为 📷，可使 VI 运行后为各条连线保留数据值，数据值可用探针直接观察。

(3) 🔽（单步进入）：调试时使程序单步进入循环或子 VI。

(4) ▶（单步通过）：调试时程序单步执行完整个循环或子 VI。

(5) 🔼（单步退出）：单步进入某循环或子 VI 后，单击此按钮可使程序执行完该循环或子 VI 剩下的部分并跳出。

1.4　LabVIEW 中的选板

作为基于图形化的程序设计语言，LabVIEW 为设计者的虚拟仪器开发过程提供了 3 个选板，即工具选板、控件选板、函数选板，利用它们设计者可以完成一个 VI 程序的前面板和程序框图两部分的设计任务。这 3 个选板可以在窗口中打开或关闭，并可以放置在屏幕的任意位置。

1.4.1　工具选板

LabVIEW 中提供了 11 种类型的工具用于开发 VI 程序，它们均位于"工具选板"中。工具选板可应用在前面板和程序框图两个窗口中，可按住 Shift 键同时在两个窗口的空白

处右击找出工具选板。工具选板可在菜单栏中利用"查看"→"工具选板"命令调出,提供用

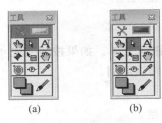

图 1.28　工具选板

于操作、编辑前面板和框图程序中对象的各种工具,可以单击选取工具选板上的工具。工具选板具有自动选择工具功能,若此功能为开启,则自动选择工具指示灯为高亮状态,如图 1.28(a)所示。这种状态下,当光标移到前面板或程序框图窗口的对象上时,光标会自动变成相应的工具,LabVIEW会自动地从工具选板中选择相应的工具。如果不需要开启自动选择工具功能,可以单击该功能指示灯,这时指示灯呈灰色,如图 1.28(b)所示。工具选板的可选工具见表1.1。

表 1.1　工具选板功能表

图标											
名称	自动选择工具	操作工具	定位工具	标签工具	连线工具	对象快捷键	滚动窗口	断点操作	探针工具	复制颜色	着色工具

工具选板各工具功能如下:

(1) 自动选择工具:选中该工具,则在前面板和程序框图中的对象上移动光标时,LabVIEW。将根据相应对象的类型和位置自动选择合适的工具。

(2) 操作工具:用于操作前面板的控制器和指示器,可以操作前面板对象的数据或选择对象内的文本和数据。

(3) 定位工具:用于选择对象、移动对象或缩放对象的大小。

(4) 标签工具:用于输入标签或标题说明的文本,或用于创建自由标签。

(5) 连线工具:用于在框图程序中节点端口之间的连线或定义子 VI 端口。

(6) 对象快捷键:选中该工具,在前面板或程序框图中右击即可弹出快捷菜单。

(7) 滚动窗口:同时移动窗口内的所有对象。

(8) 断点操作:用于在程序中设置或清除断点。

(9) 探针工具:可在框图程序内的连线上设置探针。

(10) 复制颜色:可以获取对象某一点的颜色,来编辑其他对象的颜色。

(11) 着色工具:用于为对象上色,包括对象的前景色和背景色。

1.4.2　控件选板

为了快捷地编辑程序,同时得到一个美观、形象的前面板操作界面,在 LabVIEW 中提供了大量可选控件,这些控件均位于"控件选板"。控件选板只在前面板显示,可在前面板菜单栏中选择"查看"→"控件选板"命令调出。该选板包括创建前面板时可使用的全部对象。控件选板有多种显示风格,如新式、系统、经典等,默认的显示风格为 Express。选择"新式"选项,可根据需要选择控件,如图 1.29(a)所示。用户可根据需要改变默认的显示风格,在控件选板中选择"更改可见类别"选项进行调整,如图 1.29(b)所示。控件选板中各控件见表 1.2。

(a)

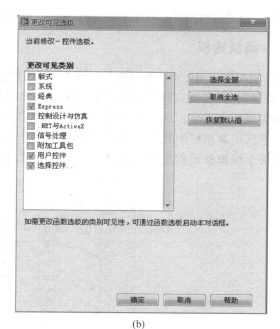
(b)

图 1.29　控件选板

表 1.2　控件选板功能表

图标												
名称	数值控件	布尔控件	字符串与路径控制器	数组、矩阵与簇控制器	列表、表格与树	图形控件	下拉列表与枚举控件	容器控件	I/O 名称控件	变体与类控件	修饰控件	引用句柄控件

控件选板各控件功能如下：

（1）数值控件：存放各种数字控制器，包括数值控件、滚动条、按钮、颜色盒等。

（2）布尔控件：用于创建按钮、开关和指示灯。

（3）字符串与路径控制器：创建文本输入框和标签、输入或返回文件或目录的地址。

（4）数组、矩阵与簇控制器：用于创建数组、矩阵与簇，包括标准错误簇输入控件和显示控件。

（5）列表、表格与树：创建各种表格，包括树形表格和 Express 表格。

（6）图形控件：提供各种形式的图形显示对象。

（7）下拉列表与枚举控件：用于创建可循环浏览的字符串列表，枚举控件用于向用户提供一个可选择的项列表。

（8）容器控件：用于组合控件或在当前 VI 的前面板上显示另一个 VI 的前面板。

（9）I/O 名称控件：I/O 名称控件将做配置的 DAQ 通道名称、VISA 资源名称和 IVI 逻辑名称传递至 I/O VI，与仪器或 DAQ 设备进行通信。

（10）变体与类控件：用于与变体和类数据进行交互。

（11）修饰控件：用于修饰和定制前面板的图形对象。

（12）引用句柄控件：可用于对文件、目录、设备和网络连接等进行操作。

1.4.3 函数选板

在 LabVIEW 中，为了快捷地编辑程序，使编程更加简便快捷，提供了大量可选函数，编辑 VI 程序时，只需要选择合适的函数并用连接线将其按照一定的关系连接起来，就可以很容易地实现客户需求。这些函数均位于"函数选板"中。函数选板只在程序框图窗口显示，可在程序框图菜单栏中选择"查看"→"函数选板"命令调出。编程选板"编程"选项区中提供了大量用于编辑框图程序的函数，如图 1.30 所示，其功能见表 1.3。

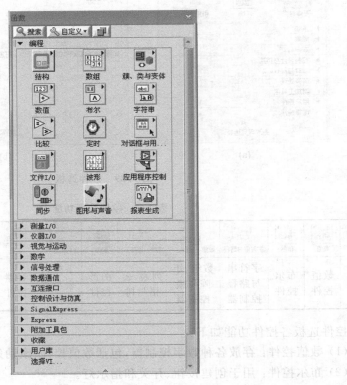

图 1.30 函数选板

表 1.3 函数选板功能表

图标	名 称	功 能
结构	结构子选板	提供循环、条件、顺序结构、公式节点、全局变量、结构变量等
数组	数组子选板	提供数组运算和变换的功能
簇、类与变体	簇与变体子选板	提供各种数组和簇的运算函数以及簇与数组之间的转换、变体属性设置
数值	数值子选板	提供数学运算、标准数学函数、各种常量和数据类型变换等编程要素

续表

图标	名　　称	功　　能
布尔	布尔量子选板	提供布尔运算符和布尔常量
字符串	字符串子选板	提供字符串运算、字符串常量和特殊字符等编程元素
比较	比较子选板	提供数字量、布尔量和字符串变量之间比较运算的功能
定时	定时子选板	提供时间计数器、时间延迟、获取时间日期、设置时间标志常量等
对话框与用户…	对话框与用户界面子选板	用于对文件、目录、设备和网络连接等进行操作
文件I/O	文件 I/O 子选板	提供文件管理、变换和读/写操作模块
波形	波形子选板	提供创建波形、提取波形、D/A 转换、A/D 转换等功能
应用程序控制	应用程序控制子选板	提供外部程序或 VI 调用和打印选单、帮助管理等辅助功能
同步	同步子选板	提供通知操作、队列操作、信号量和首次调用等功能
图形与声音	图形和声音子选板	用于 3D 图形处理、绘图和声音的处理
报表生成	报表生成子选板	提供生成各种报表和简单打印 VI 前面板或说明信息等功能

本 章 小 结

自动化仪器技术的发展经历了模拟仪器、数字仪器、智能仪器三个阶段，从 20 世纪 80 年代进入虚拟仪器时代。

虚拟仪器利用硬件系统完成信号的采集、测量与调理，利用计算机强大的软件功能实现信号数据的运算、分析和处理，利用计算机的显示器代替传统仪器的控制面板，以多种形式进行结果显示，从而完成所需的各种测试功能。

所谓“虚拟”主要体现在以下两方面：

(1) 虚拟控制面板；

(2) 虚拟的测量、分析与处理。

LabVIEW(即实验室虚拟仪器工作平台)：一种基于图形编程方法的虚拟仪器软件开发工具。

LabVIEW 提供的开发环境包括两个窗口，三个选板。

两个窗口：前面板、程序框图。

三个选板：工具选板、控件选板、函数选板。

图标：每一个 VI 程序的特性或功能标志出现在编程界面的右上角，是创建子 VI 的关键。

习　题

1.1　什么是虚拟仪器技术？虚拟仪器的硬件和软件是什么？

1.2　LabVIEW 2010 中有哪些选板？

1.3　试编写一段程序，计算两个数值的和与差，并将计算结果显示在前面板上。

上机实验

实验目的

认识 LabVIEW 编程环境，熟悉 LabVIEW 中控件选板、函数选板、工具选板的使用，能够实现简单 VI 程序的编辑。

实验内容一

创建一个 VI 程序，该程序实现的功能：通过比较两个数值的大小，输出较大的数值的 2 倍值。

实验步骤：

(1) 启动 LabVIEW 2010 学生版，新建一个 VI 程序，将其命名为"比较大小.vi"，保存。

(2) 打开前面板，选择"查看"→"控件选板"命令，在"新式"选项区中选择两个数值型输入控件，将其命名为 a 和 b，选择一个数值型输出控件，将其命名为"结果"。选择工具选板中的"标签"工具可以为控件命名。所建的前面板如图 1.31 所示。

(3) 打开程序框图窗口，当前面板创建了三个数值型控件后，在程序框图窗口可以看到与其相对应的端子 a、b、结果。

(4) 为输出较大数值的 2 倍值，需要先通过比较找出较大的数。选择"查看"→"函数选板"命令，在"编程"选项区中选择"比较子选板"→"大于？"函数，将 a、b 连接到该函数的输入端子，该函数的输出值为布尔量"F"或者"T"，这里只能找出较大的数。

(5) 为了将比较出的较大数乘以 2，需要将较大的数输出，选择"比较子选板"→"函数"命令。"选择"函数的功能如图 1.32 所示。

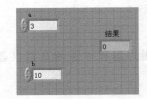

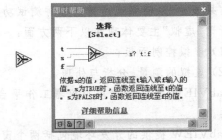

图 1.31　"比较大小.vi"前面板　　　　图 1.32　"选择"函数帮助信息

（6）将数值 a 与选择函数的 t 端子连接，数值 b 与选择函数的 f 端子连接，"大于？"函数
的输出与"选择"函数 s 端子连接，"选择"函数的
输出即是较大的数。

（7）选择数值常量、乘法函数，将较大的数
和常量 2 连接到乘法函数的输入端子，乘法函数
的输出端子与输出控件"结果"连接，高亮执行，
运行程序，框图程序如图 1.33 所示。

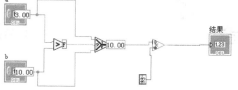

图 1.33 "比较大小.vi"框图程序

（8）保存并关闭程序。

实验内容二

设计汽车速度测量系统。以某种类型汽车为例计算实际行驶速度，并判断是否超过限
定速度 150 km/h，超过限定速度时自动报警。

实验步骤：

（1）启动 LabVIEW 2010 学生版，新建一个 VI，将其命名为"汽车速度测量.vi"。

（2）打开前面板，选择"查看"→"控件选板"命令，通过"新式"选项区建立两个数值型输
入控件，分别命名为"车轮直径"、"车轮转速"；建立一个数值型输出控件，命名为"车速"。

（3）在控件选板的"新式"选项区中选择"布尔量子选板"，选择指示灯型布尔量，将其命
名为"超速报警"，创建好的前面板如图 1.34 所示。

（4）打开程序框图，计算每秒车轮转过的圈数，选择"除法"函数、数值常量，将车轮转速
和数值常量 60 与除法函数的输入端子连接，输出即每秒车轮转过的圈数。

（5）计算车轮的周长。选择"乘法"函数、数值常量，将车轮直径和数值常量与乘法函数
的输入端子连接，输出即是车轮的周长。

（6）将车轮的周长和每秒车轮转过的圈数连接到乘法函数，输出即是每秒汽车行驶的
距离，即车速。将该结果与车速输出控件连接。

（7）判断是否超速，规定 150 km/h 为汽车行驶速度的上限。选择比较函数、乘法函数、
除法函数、数值常量。将 150 km/h 化简为每秒汽车行驶的距离（m），如图 1.35 所示。

（8）将比较后的结果连接到布尔量输出控件，高亮执行，运行程序，如图 1.35 所示。

（9）保存并关闭程序。

图 1.34 "汽车速度测量.vi"前面板

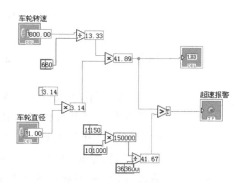

图 1.35 "汽车速度测量.vi"框图程序

LabVIEW 编程基础

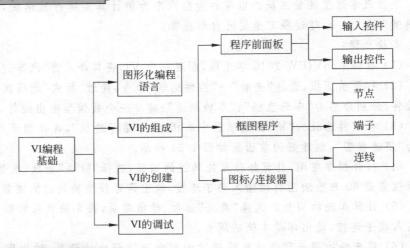

◆ 掌握虚拟仪器的组成。

◆ 重点掌握 VI 的创建与编辑。

◆ 掌握子 VI 创建调用方法。

◆ 重点掌握连接器和图表的创建方法。

◆ 了解程序调试技术。

2.1　G 语言简介

　　G 语言作为 LabVIEW 的编程语言,同 C 语言、BASIC 语言一样,是一种带有各种函数库的编程语言,它提供了专门用于数据采集和仪器控制的函数库与语言开发工具,其自带的函数库可以用于数据采集、GPIB 和串行仪器的控制、数据分析、数据显示和数据存储。与基于文本的编程语言不同的是,G 语言采用数据流编程模式,程序的执行顺序取决于节点在数据流中的位置。节点、端点、连线构成不同的数据流域,数据由起点流向终点,控制对象始终作为数据流线的起点,而显示对象只能作为数据流线的终点。数据流是控制程序执行的流程机制。

基于数据流编程概念的程序编辑完成后,需要进行程序调试。LabVIEW 提供了一些常用的程序调试工具,可在程序中设置断点、单步执行程序、查看数据流的运行方式等,大大简化了程序的开发与调试工作。应用 LabVIEW 开发的程序的外观和操作方式与实际仪器类似,所以使用 G 语言编辑的程序也称为虚拟仪器程序,简称 VI。

2.2 VI 的创建

2.2.1 VI 的组成

一个完整的 VI 程序由三部分组成:

(1)程序前面板:交互式用户界面。

(2)框图程序:是程序源代码,用图形化的模块代替常规文本代码指令。

(3)图标/连接器:程序被高一级 VI 调用时的图标和连接端子。

VI 的前面板由输入件和显示件构成。输入件是用户输入数据到程序的接口,而显示件用于显示 VI 生成的数据。输入件和显示件有许多类型,用户可以从控件选板中选择,添加到前面板。对已添加好的控件可以通过右键菜单配置控件参数,弹出的快捷菜单如图 2.1(a) 所示。

创建前面板后,前面板窗口中的控件在程序框图中对应为接线端。框图程序由节点、端子、连线三种元素构成,如图 2.2 所示。

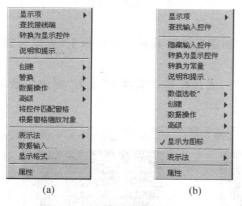

(a)   (b)

图 2.1 控件和节点的快捷菜单

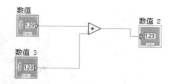

图 2.2 框图程序示意图

(1)节点:是程序执行元素,类似于传统文本编程语言程序中的语句、操作符、函数或者子程序。节点的类型有两种:函数节点(如图 2.2 中的"加法" ▷ 函数)和子 VI 节点。两者的区别在于:函数节点是 LabVIEW 已经编辑好的机器代码保存在函数库中供用户使用的,而子 VI 节点是以图标形式提供给用户的。用户也可以自己重新定义一些子 VI 的图标,在编程时调用,因此,子 VI 节点是用户可以任意修改的,而函数节点无法进行修改。节点之间有数据连线按照一定的逻辑关系相互连接。

(2)端子:是在框图程序和前面板之间或者在框图程序的节点之间进行数据传输的接口。端子的类型有很多种,如输入控件端子、输出控件端子、节点端子、常数端子等。一般情

LabVIEW
程序设计基础

况下,一个端子是指在框图程序中可以连线的任意点。在前面板创建或删除控件时,可以自动创建或删除相应的控件端子,输入控件的端子在框图中是用粗线框框住的( ),它们只能在 VI 程序框图中作为数据流的源点,传送数据到程序中。输出控件的端子在框图中是用细粗线框框住的( ),它们只能在 VI 程序框图中作为数据流的终点,在前面板显示输出结果。

(3)连线:是输入和输出端子间的数据通道,它们类似于 C 程序中的变量。在框图中数据是单向流动的,从源端子向一个或多个目的端口流动,不同的线型代表不同的数据类型,每种数据类型的连线颜色也不同。

LabVIEW 使用基于数据流的编程方法,是一种图形化的编程方法,编程过程主要是将代表功能模块的一个一个节点放置在程序框图中,按需要将这些节点的端子连接起来。右击节点可以对其进行编辑,快捷菜单如图 2.1(b)所示。下面举例说明 VI 的创建方法。

2.2.2 VI 创建举例

【例 2.1】 创建一个 VI,实现波形的显示和比例、偏移的调整。

1. 前面板的创建

(1)启动 LabVIEW 软件,利用快捷键 Ctrl+N 打开一个新的前面板。

(2)从控件选板的数值子选板中选择"数值输入控件",并将其置于前面板上,将其标签更改为"缩放"。

(3)用同样方法再放置一个数值输入控件,将其标签更改为"偏移量"。使用工具条 使两数值输入控件对齐。

(4)从控件选板的图形子选板中选择"波形图",并将其置于前面板上,去掉标签,"曲线 0"改为"原始数据"。

(5)用同样方法再放置一个数值输入控件,去掉标签,"曲线 0"改为"缩放后数据"。前面板如图 2.3 所示。

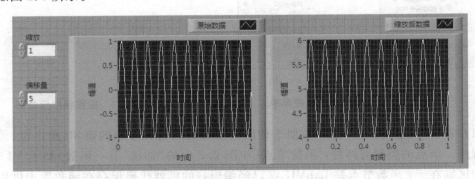

图 2.3 前面板

2. 框图程序的创建

(1)利用快捷键 Ctrl+E 切换到程序框图。

(2)从函数选板的"信号处理"选项区的波形生成子选板中选择"基本函数发生器"置于

框图中。

（3）从函数选板的"编程"选项区的波形选板的模拟波形子选板中选择"波形比例和偏移"置于框图中。

（4）连线如图 2.4 所示。

（5）按快捷键 Ctrl＋S 保存 VI，将此 VI 命名为 mywork2.1.vi，保存。

（6）切换到前面板，单击运行按钮 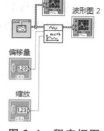，运行 VI。原始数据和缩放后的数据会在前面板显示出来。

（7）按快捷键 Ctrl＋W，关闭 VI。

3. 图标的创建

图 2.4　程序框图

在 VI 前面板右上角图标处右击，在弹出的快捷菜单中选择"编辑图标"命令，进入图标编辑器窗口，即可使用图标编辑工具设计修改图标。编辑的步骤为：

（1）通过菜单选项"编辑"下的"清空所有"命令，清除所有图形，在空白工作区编辑图标。

（2）在图标编辑器中可以使用"图标文本"或"符号"工具中的各类元素编辑图标。

（3）若需其他类型元素，可使用画笔、直线、填充、矩形或文本工具等，在图标编辑区域绘制。创建的图标如图 2.5 所示。

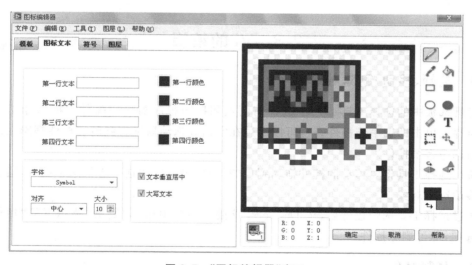

图 2.5　"图标编辑器"窗口

2.2.3　前面板控件创建方法

在 LabVIEW 中，可以通过例 2.1 所示方法为前面板创建控件，方法直观、清楚。在控件较多、程序相对复杂的情况下，还可以直接在框图程序窗口中为前面板创建所需控件，这种方法在较为复杂的 VI 程序中经常使用。

创建的方法如下：

（1）在框图程序中选择任意一个功能函数或 VI 程序。

（2）在函数输入端子上右击，弹出的快捷菜单如图 2.6(a)所示，选择"创建"→"输入控件"命令。

（3）在函数输出端子上右击，在弹出的快捷菜单中选择"创建"→"显示控件"命令。

创建好的控件如图 2.6(b)所示，同时会在前面板上显示，LabVIEW 会自动创建一个具有匹配数据类型的控件，并自动接好连线。

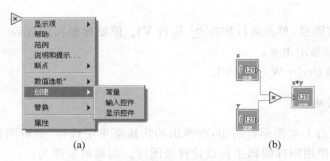

(a)   (b)

图 2.6 从框图程序创建前面板控件

注：为了查看函数或 VI 的输入与输出连接端所表示的含义，可选中要查询的函数或 VI，选择"帮助"→"显示即时帮助"命令查看所需信息。通常情况下，节点的输入端子创建的都是输入控件，输出端子上创建的都是显示控件。显示控件和输入控件在颜色和形式上都有所区别。

2.3 VI 的编辑

2.3.1 选择、移动、删除对象

工具选板中的选择工具 用于选择前面板和框图程序窗口的控件。将选择工具移动至某控件上单击即选中该控件。也可以通过在空白处拖动鼠标直到所有控件都围在选择方框内来选中多个控件。

通过选择工具将要移动的控件拖动到目的位置，也可以用选择工具选中控件，通过箭头键来移动选中对象。

通过选择工具选中控件后，按 Delete 键或在主菜单中选择"编辑"菜单下的"撤销 Ctrl＋Z"选项，即可删除控件。

2.3.2 复制对象

在 VI 程序间或者从其他应用程序中复制对象，可以使用"编辑"菜单下的"复制"、"剪切"或"粘贴"命令。若两个 VI 都打开，可以通过将一个 VI 中的控件拖至另一个 VI 程序中来复制。

2.3.3 标注对象

标签是用于标识对象或注释说明的文本框。一个对象有两种标签：固定标签和自由标签。前面板和框图程序中的每一个对象（输入控件、显示控件、子 VI、函数、结构等）都含有

固定标签,可以通过选择右键菜单中的"显示项"来选择是否显示标签。修改标签可选中工具选板"编辑文本"工具 $\boxed{A}$。自由标签用来添加注释说明信息,不与任何对象相关,只起注释作用。自由标签的创建方法可以通过选择"编辑文本"工具,在弹出的窗口空白处输入注释信息来完成。

2.3.4　连线

单击工具选板中的"连线"工具 $\boxed{\diamond}$ 即可在各个节点间创建连接线,连线为虚线时则表明该线连接不正确,称为坏线。造成坏线的原因有很多,例如连接的两个端口数据类型不匹配或两个显示控件相连或输入控件相连都会变成虚线。除此以外,连线过程还应注意以下几点。

(1) 线段的颜色、粗细和样式代表了通过该线传递的数据类型,如浮点数为橙色;标量为细线,而一维数组较粗些,二维数组更粗,依此类推;簇类型用花线表示等。这些线的外观有助于用户直接判断数据类型。

(2) 与其他框图对象一样,连线也可以被选中、复制、移动和删除。

(3) 进行多次连线和删除后,有可能会产生一些连线错误,或者不完整的断线头,可以将光标放到连线错误处,LabVIEW 会自动提示错误信息。清除所有错误连线,可以利用快捷键 Ctrl+B,或执行菜单命令"编辑"→"删除断线"。

2.3.5　排列对象

当需要在前面板中准确放置对象时,可以使用工具栏上的"对齐对象"和"分布对象"工具,排列多个对象之间的位置。

对齐对象工具有 6 种对齐方式,分别为上边缘对齐、水平中线对齐、下边缘对齐、左边缘对齐、垂直中线对齐和右边缘对齐,使用时先选中要对齐的对象,然后选择对齐方式。

分布对象工具有 10 种分布方式,分别为按上边缘等距分布、按水平中线等距分布、按下边缘等距分布、垂直方向等间距分布、垂直方向零距离分布、按左边缘等距离分布、按垂直中线等距离分布、按右边缘等距分布、水平方向等间隔分布和水平方向零距离分布。使用方法同对齐方式。对齐对象和分布对象选板如图 2.7 和图 2.8 所示。

图 2.7　对齐对象选板

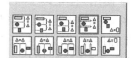

图 2.8　分布对象选板

2.3.6　调整对象

需要调整前面板上单个对象大小时,可以使用鼠标手动调整,选择工具栏中"定位"工具 $\boxed{\uparrow}$ 进行大小调整。当需要对多个对象大小进行调整时,可以选择工具栏中"调整对象大小"工具 $\boxed{\underline{\square}\cdot}$ 进行。该工具有 7 种调整方式,包括调至最大宽度、调至最大高度、调至最大宽度和高度、调至最小宽度、调至最小高度、调至最小宽度和高度以及设置宽度和高度。

2.3.7　重新排序

前面板上的对象一般情况下为分开排列的,但有时需要重叠前面板上的控件,以产生特殊效果,这时可以使用前面板工具栏上"重新排序"工具 ⟨⟩▾ 进行调整。一般此操作只在前面板进行,框图程序中不使用。

(1) 组合:将多个对象捆绑在一起,被组合后的各个对象之间的大小比例和相对位置总是固定的,可以将组合体作为一个整体进行移动或调整大小。可以分级多层组合。

(2) 取消组合:取消组合体中的组合关系。对分级组合也需要多次进行取消组合操作。

(3) 锁定:固定对象或组合体在前面板上的位置,当用户不希望误删除或误移动时,可以调用该命令进行锁定。再执行该操作可以解锁。

(4) 向前移动:把选中的对象在重叠的多个对象中向前移动一层。

(5) 向后移动:把选中的对象在重叠的多个对象中向后移动一层。

(6) 移至前面:把选中的对象移到最前层。

(7) 移至后面:把选中的对象移到最后层。

2.3.8　对象颜色的修改

除了框图端子、函数、连线和子 VI 外,LabVIEW 中的大部分对象、前面板和框图的空白区域都可以更改颜色。更改对象颜色时需要用到工具选板上的"设置颜色"工具和"获取颜色"工具。着色工具选板上的两个方块显示了当前的前景色和背景色,单击后可以调出调色板,从中选择所需要的颜色即可。

2.4　子 VI 的创建与调用

在图形化的编程语言中,图形连线会占据较大的屏幕空间,很多情况下需要把程序分割为一个个小模块来实现,这就是子 VI。创建和使用子 VI 程序非常重要,这类似于文本代码语言中子程序的编辑与调用。当任何一个 VI 创建后,它都可以作为一个子 VI 在更高层 VI 的框图程序中使用,且允许子 VI 嵌套,子 VI 的数目没有限制。子 VI 是层次化和模块化编程的关键组件,它的应用可以使得框图程序的结构更加简洁。

任何 VI 程序都可以作为子 VI 被调用,也可以将一个 VI 程序的一部分内容选定创建子 VI。创建的子 VI 被调用的前提是需要为其定义连接端子和图标,这就是创建子 VI 的一般方法。下面举例说明子 VI 的创建过程。

【例 2.2】 建立一个子 VI,计算圆的面积。要求输入圆的半径,即可输出圆的面积。

(1) 新建一个 VI,在前面板上选择"控件选板"→"数值"→"数值输入控件",放置输入控件在前面板,用工具选板中的"标签工具"修改控件标签为"半径"。右击控件,在弹出的快捷菜单中选择"显示格式"命令,选择"浮点"型数据,精确"位数"设置为 2。用同样方法创建显示控件,标签为"面积"。

(2) 在程序框图窗口中,选择"函数选板"→"数值"→"平方"和"乘",同时选择"数学与科学"→ π 命令。用连线工具将其连接。VI 框图程序如图 2.9 所示。

（3）编辑 VI 图标。右击 VI 右上角图标,从弹出的快捷菜单中选择"编辑图标"命令,打开图标编辑器,按前述方法创建子 VI 图标,如图 2.10 所示。

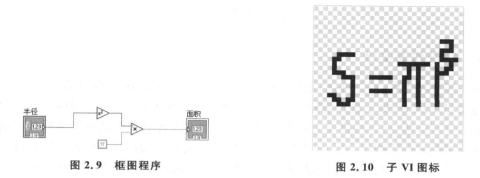

图 2.9 框图程序

图 2.10 子 VI 图标

（4）定义连接端子。连接端子用于指示子 VI 的数据输入端和输出端。右击 VI 前面板右上角图标,从弹出的快捷菜单中选择"显示连线板"命令,图标变成默认的 ▦ ,每一个小方格代表一个端子。右击图标,从弹出的快捷菜单中选择"模式"命令,选择 ▯ ,先单击左侧格子,然后在前面板中单击输入控件"半径",图标变成蓝色,说明该图标端子与"半径"输入控件相连,可以传输数据。用同样方法连接右侧格子与"面积"显示控件。端子定义好后,打开"帮助"菜单的"显示即时帮助"选项,将光标放在图标处,即可看到子 VI 的预览。

（5）VI 的保存。将 VI 命名为"圆的面积",保存后该 VI 程序就可以在其他 VI 中被调用。

要在一个 VI 程序中调用一个子 VI,其做法是:在程序框图窗口选择"函数选板"→"选择 VI"命令,找到子 VI 保存的路径,打开该子 VI,此时在窗口中会显示已编辑好的子 VI 的图标。

LabVIEW 中还提供了一种创建子 VI 的方法,在一个编辑好的 VI 程序中,若想将其中的一部分作为子 VI 来调用,可以将该部分内容选中,然后选择在菜单栏中选择"编辑"→"创建子 VI"命令,这样会自动创建一个子 VI 程序,并创建一个默认图标,如图 2.11 所示。用户可以按照需要重新编辑图标。

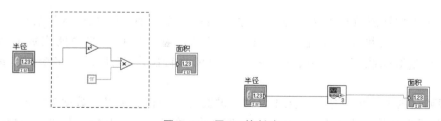

图 2.11 子 VI 的创建

2.5 VI 的运行与调试

对编写好的程序,用户必须经过运行和调试来测试其是否能够产生预期的运行结果,同时找出程序中存在的一些错误。在 LabVIEW 中专门提供了用来调试 VI 程序的工具,位于程序框图工具栏中,如图 2.12 所示。运用这些调试工具,程序的调试方法主要有以下几种。

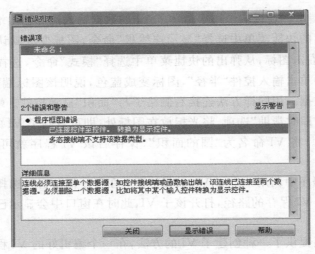

图 2.12 程序调试工具

2.5.1 错误列表窗口

程序编写完成后,首先选择"运行"工具 ，运行程序,若程序中存在编写错误,运行工具便自动显示成 ，提示程序有错误。程序错误一般分为两种,一种为程序编辑错误或编辑结果不符合语法,另一种错误为语义和逻辑上的错误或者是程序运行时某种外部条件得不到满足引起的运行错误。LabVIEW 提供了错误列表窗口,若程序有错误,运行程序会出现程序错误列表,编辑者可以根据列表窗口的提示对错误进行修改,如图 2.13 所示。

图 2.13 程序错误列表

2.5.2 高亮显示执行

G 语言的数据流编程方法决定了程序中的每一个节点(函数、子 VI、结构等)只有在获得它的所有输入数据后才能够被执行,而节点的输出只有它的功能完成时才是有效的,这样,通过数据线互相连接节点来控制程序的执行次序,就形成了多个同步运行的数据通道。

程序调试的方法可以通过使用工具栏上的高亮执行程序来显示数据流在框图中的流动过程,当选择高亮执行方式时,VI 的运行速度变慢,数据在各节点和线上的流动情况清晰可见,可让用户对程序设计的每一步进行测试,非常有利于编程者找出编程不合理或数据处理错误的地方。

2.5.3 探针和断点诊断

除了高亮执行外,还可以通过"探针数据"和"设置/清楚断点"工具,方便用户实时观察变量值的情况。探针和断点工具位于工具选板中。

调试 VI 程序时,选择探针工具,可以显示流过该线的即时数据值,该方法通过选择"探针数据"和"设置/清除断点"工具来显示流过每条连线的即时数据。

【例 2.3】 设置探针调试程序。

(1) 高亮执行,运行汽车速度测量系统,程序框图如图 2.14 所示。

(2) 在工具选板中选择"探针数据"工具,在每秒车轮转速处添加探针,弹出探针监视窗口,如图 2.15 所示,同时在程序中出现探针符号 $\boxed{4}$ 。运行程序,探针所在位置程序执行的数据可以清楚地显示出来。

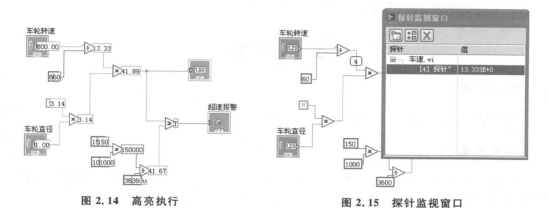

图 2.14　高亮执行　　　　　　图 2.15　探针监视窗口

本 章 小 结

一个完整的 VI 程序由三部分组成:

(1) 程序前面板:交互式的用户界面。

(2) 框图程序:是程序源代码,用图形化的模块代替常规文本代码指令。

(3) 图标/连接器:程序被高一级 VI 调用时的图标和连接端子。

VI 的创建包括:

(1) 前面板的创建。

(2) 框图程序的创建。

(3) 图标的编辑。

(4) 连接器的编辑。

VI 的运行与调试方法有:

(1) 错误列表窗口。

(2) 高亮显示执行。

(3) 探针和断点判断。

习 题

2.1　创建一个 VI,任意创建几个不同类型的控件,分别改变其颜色、大小、名称、文本字体,并将其垂直分布。

2.2 编写一个小程序,要求计算两个数值的几何平均数和算术平均数,分别用普通模式和高亮模式执行,观察数据流流向,并添加必要的探针和断点,观察程序运行过程中数据的变化。

2.3 VI 程序由哪些部分组成?

2.4 什么是数据流编程模式?

2.5 框图程序由哪些部分组成?

2.6 什么是图标和连接器?它们的作用是什么?

2.7 什么是子 VI? 子 VI 的创建方法有哪些?

上 机 实 验

实验目的

熟悉 VI 的创建、编辑、子 VI 的创建和调用。

实验内容一

创建一个 VI 程序,该程序完成的功能是:产生一个 0.0～10.0 范围内的随机数与 10.0 相乘,然后通过一个 VI 子程序将积与 100 相加后开方。

程序分析:这里 0～10 范围内的随机数在 LabVIEW 中找不到适合的函数节点,需要将 0～1 范围内的随机数函数与常量 10 相乘,得出的结果与 10 相乘后需要保存该 VI 程序,并命名为 0-100 的随机数.vi,作为子 VI 被调用。在 0-100 这个子 VI 被调用前,需要为其创建图表和连接器。调用后与 100 作加法后再开平方。

实验步骤:

(1) 新建一个 VI。

(2) 选择"函数选板"→"编程"→"数值选板"→"0-1 的随机数函数"。

(3) 选择"函数选板"→"编程"→"数值选板"→"乘法函数"。同时选择两个数值型常量。

(4) 在前面板创建数值型输出控件,命名为"0-100 随机数"。

(5) 将函数连接,运行程序,框图程序和前面板程序如图 2.16(a)、(b)所示。

(6) 保存该程序,命名为"0-100 随机数.vi"。

(7) 编辑图标,右击该程序图标,在弹出的快捷菜单中选择"编辑图标"命令,出现对话图标编辑对话框,第一行文本为 0-100,单击"确定"按钮,图标编辑完成,如图 2.17 所示。

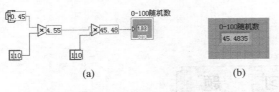
(a)

(b)

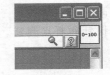

图 2.16 0-100 随机数
(a)框图程序;(b)前面板

图 2.17 图标的创建

（8）创建连接器，右击图标，从弹出的快捷菜单中选择"显示接线板"命令，修改接线板模式，该程序只输出一个数据，故选择一个接线板即可。

（9）单击输出控件，同时单击接线端，连接器就创建完成了。创建完的连接器为橙色。

（10）新建一个 VI，命名为"计算.vi"。

（11）打开计算.vi 的程序框图，在函数选板中的"编程"选项区中选择"数值子选板"→"数值常量"和"乘法"函数放置于程序框图窗口中，其默认值为 0，用标签工具修改为 100。同时，在前面板中创建一个数值型输出控件，命名为"结果"。

（12）调用"0-100 随机数.vi"程序，选择函数选板，单击"选择 VI.."命令，在弹出的对框中选择保存的"0-100 随机数.vi"程序，单击"确定"按钮，调用该程序作为子程序。

（13）将该子程序与常量 100 相乘输出，运行程序，如图 2.18 所示。

图 2.18　子 VI 的调用

实验内容二

创建一个子 VI，实现勾股定理的功能。

程序分析：本实验要求能够创建一个 VI 程序，已知三角形的两个直角边可以求出斜边的长度。

实验步骤：

（1）新建一个 VI，命名为"勾股定理.vi"。

（2）打开前面板，在控件选板中的"新式"选项区中选择"数值子选板"→"数值输入控件"和"数值输出控件"，分别命名为直角边长 a、直角边长 b 和斜边。

（3）打开程序框图，在函数选板中的"编程"选项区中选择"数值子选板"→"平方"函数、"加法"函数和"开平方"函数。

（4）按照三角形的边长关系将各函数连接，运行程序，如图 2.19 所示。

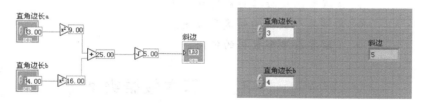

图 2.19　勾股定理

第 3 章

LabVIEW 数据类型与操作

章

本章知识脉络图

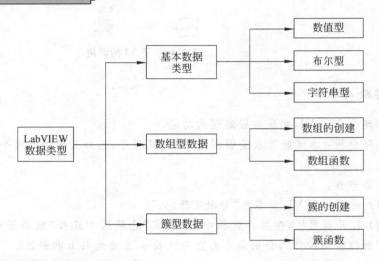

学习目标及重点

✧ 重点掌握 LabVIEW 的基本数据类型及其操作函数。
✧ 掌握数组型数据的创建和应用。
✧ 掌握簇型数据的创建和应用。
✧ 了解字符串型数据的使用。

3.1 基本数据类型

数据结构是程序设计的基本组成部分,不同的数据类型和数据结构在 LabVIEW 中的创建和使用方法是不同的。明确不同类型数据的创建和运用才能更高效地进行程序编辑。选择合适的数据类型不仅能提高程序的性能,还能节省内存的使用。在 LabVIEW 中,基本数据类型包括了常用的数值型、布尔型和字符串型,以及枚举类型、时间类型和变体类型,以不同的图标和颜色表示不同的数据类型,这些数据类型都可在控件选板中找到。

3.1.1　数值型

数值型数据类型位于控件选板下。图 3.1 所示为"新式"风格下的数值型控件选板。数值选板包括多种不同形式的控件和指示器,有数字控件(数值形式、容器形式、表盘形式等)、滚动条、按钮、颜色盒等。这些控件本质上都是数值的,功能相似,只是在外观上的表现形式有所不同。图 3.2 中选取了不同外形的数值型数据控件。

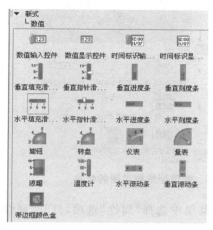

图 3.1　数值型控件选板

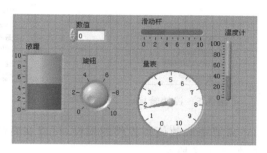

图 3.2　数值型数据控件

在程序框图中,数值型数据函数选板如图 3.3 所示,包括了数值常量以及与数值运算有关的多种函数。

无论是哪种形式的数值型数据,都可以归为浮点型、整数型和复数型 3 种基本形式,这 3 种类型的图标和颜色都是不同的。可以根据需要改变数据的类型:右击数值控件,在弹出的快捷菜单中选择"表示法"选项,如图 3.4 所示。

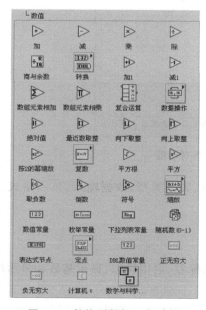

图 3.3　数值型数据函数选板

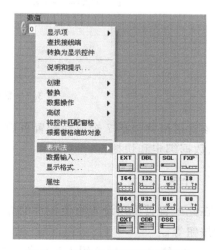

图 3.4　更改数据类型快捷菜单

数值型数据控件类型可以在输入控件和显示控件间转换：右击数值控件，在弹出的快捷菜单中选择"转换为显示控件"选项，就可以改变控件类型，如图 3.5 所示。如果要将数值型数据控件更换为其他类型数据，可以在弹出的快捷菜单中选择"替换"选项，改变数据类型，如图 3.6 所示。

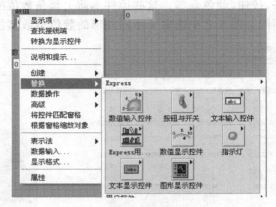

图 3.5　控件转换　　　　　　　　　　　图 3.6　数值型数据类型的替换

若需要更改数值型控件的属性，可以在右键快捷菜单中选择"属性"选项，打开"属性"对话框，如图 3.7 所示。

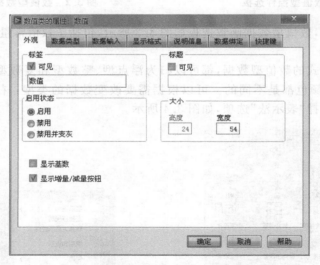

图 3.7　数值型数据的属性对话框

该对话框共包括 7 个属性配置页面，分别为外观、数据类型、数据输入、显示格式、说明信息、数据绑定和快捷键。

1. 外观

在此配置页可以设置数值控件的外观属性，包括标签、启用状态、显示基数和显示增量/减量按钮等。

（1）标签可见：标签用于识别前面板和程序框图上的对象。选中"可见"复选框可以显示对象的自带标签,并启用标签文本框对标签进行编辑。

(2)标题可见:同标签相似,但该选项对常量不可用。选中"可见"复选框可以显示标题,并使标题文本框可编辑。

(3)启用状态:选中"启用"复选框,表示可操作该对象;选中"禁用"复选框表示无法对该对象进行操作;选中"禁用并变灰"复选框表示在前面板窗口中显示该对象并将对象变灰,无法对该对象进行操作。

(4)显示基数:显示对象的基数,使用基数改变数据的格式,如十进制、十六进制、八进制等。

(5)显示增量/减量按钮:用于改变该对象的值。

(6)大小:分为高度和宽度两项,对数值输入控件而言,其高度不能更改,只能修改控件宽度数据。

与数值输入控件外观属性配置页面相比,滚动条、旋钮、转盘、温度计和液罐等其他控件的外观设置页面稍有不同。如针对旋钮输入控件的特点,在外观属性配置页面又添加了定义指针颜色、锁定指针动作范围等特殊外观功能项。读者可在实际练习中加以体会。

2. 数据类型

在此页面中可以设置数据类型和范围等。

(1)表示法:为控件设置数据输入和显示的类型,如整数、双精度浮点数等。在数据类型页面中有一个表示法的小窗口,单击它则得到如图 3.8 所示的数值型数据表示法设置窗口。

(2)定点配置:设置定点数据的配置。启用该选项后,将表示法设置为定点,可配置编码或范围设置。编码即设置定点数据的二进制编码方式。带符号与不带符号选项设置定点数据是否带符号。范围选项设置定点数据的范围,包括最大值和最小值。而所需 delta 值选项用于设置定点数据范围中任何两个数之间的差值。

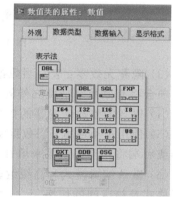

图 3.8 数值型数据表示法设置窗口

3. 数据输入

该属性用来编辑当前数值的最大值、最小值和增量,如果不进行操作,以上三个值均为默认界限。如果需要编辑最大值、最小值和增量,可以将"使用默认界限"选项去掉。这里还提供了对超出界限值的响应,默认为"忽略",如果需要可以选择"强制"。

4. 显示格式

在此页面中可以设置数值的格式与精度,数值型数据显示格式设置窗口如图 3.9 所示。

(1)类型:数值计数方法可选浮点、科学计数法、自动格式和 SI 符号 4 种。其中,选择浮点表示以浮点计数法显示数值对象;选择科学计数法表示以科学计数法显示数值对象;自动格式是指以 LabVIEW 所指定的合适的数据格式显示数值对象;SI 符号表示以 SI 表示法显示数值对象,且测量单位出现在值后。

(2)精度类型和位数:显示不同表示法的精度位数或有效数字位数。

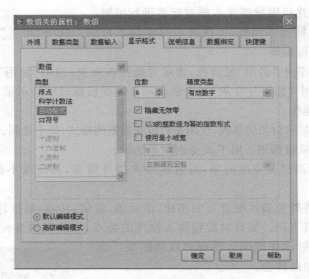

图 3.9　数值型数据显示格式设置窗口

（3）隐藏无效零：表示当数据末尾的零为无效零时是不显示的，但如数值无小数部分，该选项会将有效数字精度之外的数值强制设为零。

（4）以 3 的整数倍为幂的指数形式：显示为采用了工程计数法表示的数值。

（5）使用最小域宽：当数据实际位数小于指定的最小域宽，选中此复选框后，则在数据左端或后端将用空格或零来填补额外的字段空间。

（6）默认编辑模式和高级编辑模式：两个选项之间切换可以完成默认视图与格式代码编辑格式及精度间的切换。

5. 说明信息

可以将有关数值数据的注释或描述信息写入说明和提示框中，用于描述该对象，并给出使用说明。提示框用于 VI 运行过程中当光标移到一个对象上时显示对象的简要说明。

6. 数据绑定

在此页面中可以自由设置数据绑定选择。数据绑定选择下拉菜单中有 3 个选项，即未绑定、共享变量引擎（NI-PSP）和 DataSocket。访问类型共三种，即只读、只写、读/写路径，是系统为正在配置的对象设置的访问类型。

7. 快捷键

该属性可以编辑对当前数值的快捷操作，包括：选中、加 1、减量。

3.1.2　布尔型

布尔型数据在 LabVIEW 中的应用比较广泛。因为 LabVIEW 程序设计中有很大一部分功能体现在仪器设计上，而在设计仪器时经常会用到一些控制按钮和指示灯之类的控件，这些控件的数据类型一般为布尔型；另外，在程序设计过程中进行一些判断时也需要用到布尔型数据。

　　布尔型数据的值为 0 和 1,即真(True)和假(False),通常情况下布尔型即为逻辑型。可以在前面板上右击,或者直接从"查看"下拉菜单中选择控件选板,图 3.10 所示为是"新式"风格下的布尔子选板。在图中可以看到各种布尔型输入控件与显示控件,如开关、指示灯、按钮等。可以根据需要选择合适的控件。布尔控件用于输入并显示布尔值(True/False)。例如,监控一个实验的温度时,可在前面板上放置一个布尔警示灯,当温度超过设定温度时,显示灯变亮,发出警告。

　　在前面板的布尔控件上右击,从弹出的快捷菜单中选择"属性"命令,则可打开如图 3.11 所示的布尔类的属性对话框。

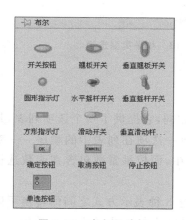

图 3.10　布尔子选板

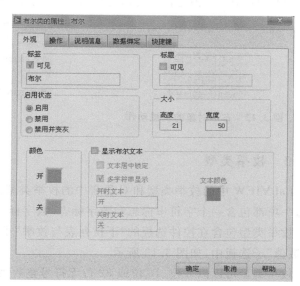

图 3.11　布尔类属性

1. 外观

　　外观页面为默认页面,可以看到该页面与数值外观配置页面基本一致。下面介绍一些与数值控件外观配置页面不同的选项及其相应功能。

　　(1)开:设置布尔对象状态为真时的颜色。

　　(2)关:设置布尔对象状态为假时的颜色。

　　(3)显示布尔文本:在布尔对象上显示用于指示布尔对象状态的文本,同时使用户能够打开开时文本框和关时文本框进行编辑。

　　(4)文本居中锁定:将显示布尔对象状态的文本居中显示。也可使用锁定布尔文本居中属性,通过编程将布尔文本锁定在布尔对象的中部。

　　(5)多字符串显示:允许为布尔对象的每个状态显示文本。如取消选中此复选框,在布尔对象上将仅显示关时文本文本框中的文本。

　　(6)开时文本:布尔对象状态为真时显示的文本。

　　(7)关时文本:布尔对象状态为假时显示的文本。

　　(8)文本颜色:说明布尔对象状态的文本颜色。

2. 操作

该页面用于为布尔对象指定按键时的机械动作。包括按钮动作、动作解释、所选动作预览和指示灯等选项。

(1) 按钮动作：设置布尔对象的机械动作，共有 6 种机械动作可选，如图 3.12 所示，读者可以在练习中对各种动作的区别加以体会。

(2) 动作解释：描述选中的按钮动作。

(3) 所选动作预览：显示所有所选动作的按钮，用户可测试按钮的动作。

(4) 指示灯：当预览按钮的值为真时，指示灯不亮。

图 3.12　布尔对象的机械动作

图 3.13　枚举类型选板

3.1.3　枚举类型

LabVIEW 中的枚举类型和 C 语言中的枚举类型定义相同，它提供了一个选项列表，其中每一项都包含一个字符串标志和数字标志，数字标志与每一选项在列表中的顺序一一对应。枚举类型包含在控件选板的"下拉列表与枚举"子选板中，而枚举常数包含在函数选板的"数值"子选板中，如图 3.13 所示。

枚举类型可以以 8 位、16 位或 32 位无符号整数表示，这 3 种表示方式之间的转换可以通过右键菜单中的"属性"选项实现，其属性的修改与数值对象基本相同，在此不再赘述。下面主要介绍一下如何实现枚举类型。首先在前面板中添加一个枚举类型控件，然后右击该控件，从属性菜单中选择"编辑项"，分别输入从星期日到星期一，每输入一个单击一次 Enter 键，结果如图 3.14 所示。

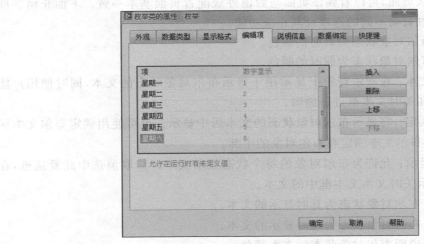

图 3.14　枚举类型的使用

3.1.4　时间类型

时间类型是 LabVIEW 中特有的数据类型,用于输入或输出时间和日期。时间标志控件位于控件选板的"数值"子选板中,时间常数位于函数选板的"定时"子选板中,如图 3.15 所示。

右击时间标志控件,从弹出的快捷菜单中选择"属性"选项,可以设置时间日期的显示格式和显示精度,与数值属性的修改类似。单击时间日期控件旁边的时间与日期选择按钮,可以打开如图 3.16 所示的时间和日期设置对话框。

图 3.15　时间常数选板

图 3.16　时间和日期设置对话框

3.1.5　变体类型

变体数据类型和其他的数据类型不同,它不仅能存储控件的名称和数据,而且还能携带控件的属性。例如,当要把一个字符串转换为变体数据类型时,它既保存字符串文本,而且还标志这个文本为字符串类型。LabVIEW 中的任何一种数据类型都可以使用相应的函数来转换为变体数据类型。该数据类型包含在前面板控件选板的"变体与类"子选板中,如图 3.17 所示。

变体数据类型主要用在 ActiveX 技术中,以方便不同程序间的数据交互。在 LabVIEW 中可以把任何数据都转换为变体数据类型。

图 3.17　变体

3.2　数据运算选板

3.2.1　数值函数选板

数值函数选板包含在函数选板的数值子选板中,该子选板中有类型转换节点、复数节点、缩放节点和数学与科学常量节点等,如图 3.3 所示。

数值函数选板可以实现加、减、乘、除等基本功能。在 LabVIEW 中,数值函数选板的输入端能够根据输入数据类型的不同自动匹配合适的类型,并且能够自动进行强制数据类型转换。

3.2.2　布尔函数选板

布尔函数选板位于"函数选板"→"布尔子选板"中,布尔函数选板的输入数据类型可以是布尔型、整型,以及元素为布尔型或整型的数组和簇,如图 3.18 所示。

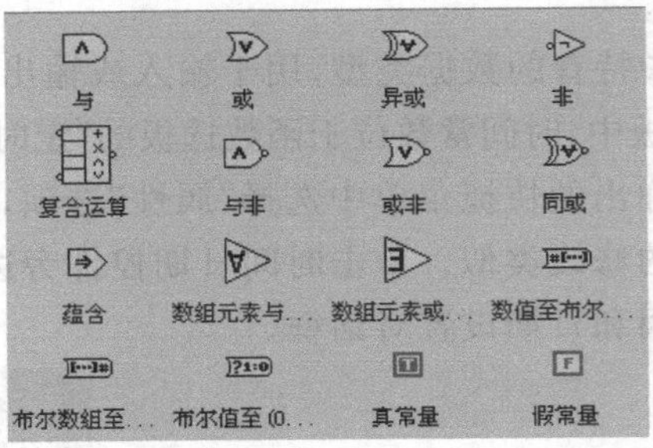

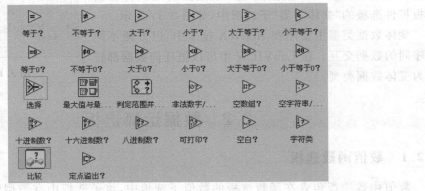

图 3.18 布尔函数选板

输入数据为整型时,在进行布尔运算前布尔函数选板会自动将整型数据转换成相应的二进制数,然后再逐位进行逻辑运算,得到二进制数运算结果,再将该结果转换成十进制输出。若输入数据为浮点型,布尔函数选板能够自动将它强制转换成整数型后再运算。

3.2.3 比较函数选板

比较函数选板包含在函数选板中的比较子选板中,使用比较函数选板可以进行数值比较、布尔值比较、字符串比较、数组比较和簇比较,如图 3.19 所示。不同数据类型的数据进行比较时规则不同。数值比较时,相同数据类型的进行比较,数据类型不同时比较函数选板的输入端能够自动进行强制性数据类型转换,然后进行比较。布尔值比较时,实际上就是 0 和 1 两个值的比较。字符串比较时,因为两个字符的比较是按其 ASCII 的大小来比较的,所以两个字符串的比较是从字符串的第一个字符开始逐个进行比较,直到两个字符不相等为止。数组和簇比较时,与字符串的比较类似,从数组或簇的第 0 个元素开始比较,直到有不相等的元素出现为止。进行簇比较时,簇中的元素个数、元素的数据类型及顺序必须相同。

图 3.19 比较函数选板

3.3 数组型数据

在程序设计语言中,数组是一种常用的数据类型,是相同类型数据的集合,是一种存储和组织相同类型数据的良好方式,有一维数组和多维数组之分。数组中每一维的元素个数最多可达 21 亿。通过索引,可访问每一个数组元素。元素的索引值从 0 开始,最大的索引值为 $N-1$(N 为数组中元素的个数)。

　　一维数组由一行或一列数据组成,描述的是平面上的一条直线。二维数组由若干行和若干列组成,描述的是一个平面上的多条曲线。三维数组由若干页组成,每一页都是一个二维数组。

3.3.1　数组的创建

　　在 LabVIEW 中,可以有多种方法创建数组,常用的有以下 3 种:

　　(1) 在前面板创建数组;

　　(2) 在框图程序创建数组;

　　(3) 循环结构自动索引创建数组。

1. 在前面板创建数组

　　数组控件包括输入控件和显示控件,可以创建一维或多维数组,其中一维数组的创建步骤如下:

　　(1) 选择"控件选板"→"数组子选板",放置在前面板上。数组控件由索引值框和数组元素框组成。

　　(2) 定义数组类型。可选的数组类型有数值型、布尔型、字符串型、路径型和簇等。从控件选板选择控件拖入到数组框中,或者右击数组框选择所需类型的控件。在前面板创建的布尔型和浮点数值型数组如图 3.20 所示。

　　在创建好的一维数组上,可以通过两种方法创建多维数组,分别是:

　　(1) 使用位置工具向下拖动索引框到所希望的维数,如图 3.21 所示。

　　(2) 通过在数组索引框弹出的快捷菜单中选择"添加维数"。

图 3.20　前面板创建数组

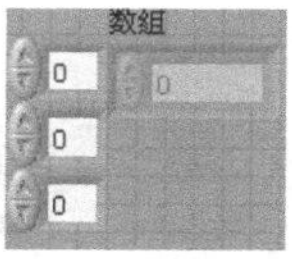

图 3.21　多维数组创建

　　二维数组的两个索引值为行索引和列索引,第一个数为行索引,第二个数为列索引。利用上述方法也可以减少数组的维数。

2. 在框图程序创建数组

　　在框图中,需要用到数组常量时,可以选择"函数选板"→"数组子选板"→"数组常量"将其放置在框图程序中,再为其选择数据常量(如数值常数、布尔常数或字符串常数),如图 3.22 所示。

图 3.22　数组常量

3. 循环结构自动索引创建数组

　　在 LabVIEW 中,For 循环和 While 循环都可以在其结构中自动索引数组,此项功能将在第 5 章中详细介绍。

3.3.2 数组元素的显示

为了显示数组的更多元素,使用位置工具在数组窗口角落上抓住大小调节柄,向下或向右拖动到能显示所希望数量的数组元素,如图 3.23 所示。数组左边的方框为索引值,其默认值为 0,对应着数组中的第 1 个显示的数组元素,单击索引框上的上、下箭头可以遍历整个数组元素。

图 3.23　数组元素显示　　　　　　　　图 3.24　数组元素赋值

3.3.3 数组元素赋值

数组定义好后,需要对数组中的元素赋初值。下面以一维数组为例说明对数组初始化的方法。

若数组元素值各不相同,使用操作工具逐个索引数组元素,对它们分别进行赋初值。若数组中所有元素初值同为 0,只需要对索引下标最大的元素进行赋值,如图 3.24 所示。

3.3.4 数组函数

数组函数用于对一个数组进行操作,主要包括求数组长度、替换数组中的元素、取出数组中的元素、对数组排序或初始化数组等各种运算,LabVIEW 的数组选板中有丰富的数组函数可以实现对数组的各种操作。数组函数选板位于“编程”子选板下的“数组”选板内,如图 3.25 所示。

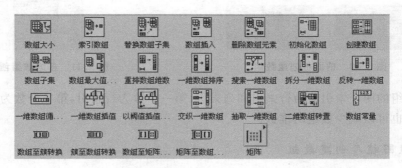

图 3.25　数组函数选板

1. 数组大小

数组大小函数显示控件返回数组的位数。如果数组是一维的,则返回一个 32 位整数值;如果是多维的,则返回一个 32 位一维整型数组。函数的输入为一个 n 维数组,输出为该数组各维包含元素的个数。

【例 3.1】 计算数组大小

（1）创建一个数组常量放置到程序框图中。

（2）在函数选板下的"编程"选板下的"数值选板"内选择"数值常量"选项,将其放置到数组常量框格中生成含一个元素的一维数组。

（3）拖动"数组常量"边框添加元素,使数组中含 6 行 6 列 36 个元素。

（4）将数组常量输出端子和数组大小函数输入端子相连。

（5）在数组大小输出端子上右击,在弹出的快捷菜单中选择"创建"→"显示控件"命令。

（6）运行程序,查看运行结果。

程序框图如图 3.26 所示。

图 3.26 计算数组大小实例

2. 索引数组

索引数组用于索引数组元素或数组中的某一行。此函数会自动调整大小以匹配链接的输入数组的维数。一个任意类型的 n 维数组接入此输入参数后,自动生成 n 个索引端子组,这 n 个输入端子作为一组,使用光标拖动函数的下边沿可以增加新的输入索引端子组,这和数组的创建过程相似。每组索引端子对应一个输入端口。建立多组输入端子时,相当于使用同一数组输入参数,同时对该函数进行多次调用。输出端口返回索引值对应的标量或数组。

【例 3.2】 索引数组的使用

（1）创建一个数组常量,链接到索引数组函数。

（2）由索引数组函数自动生成一对索引端子,将索引行输入值设为 2,索引列输入值为 2,表示索引第 3 行第 3 列数值。

（3）在输出端子上右击,在弹出的快捷菜单中选择"创建"→"显示控件"命令,创建一个数值显示控件。

（4）拖动函数下沿添加索引,在索引列端子添加数值为 3,索引第 4 列数组,在函数右端创建显示控件,自动创建为一维数组。

（5）运行程序,数值显示控件显示索引到的值。程序框图如图 3.27 所示。

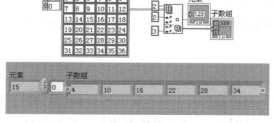

图 3.27 索引数组函数实例

3. 替换数组子集

替换数组子集函数的连线端子如图3.28所示,其功能是从索引中指定的位置开始替换数组中的某个元素或子数组。拖动替换数组子集下的边框可以增加新的替换索引。

4. 数组插入

数组插入函数的连线端子如图3.29所示,其功能是向数组中插入新的元素或子数组。n维数组是要插入元素、行、列或页的数组。输入可以是任意类型的n维数组。

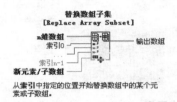

图 3.28 替换数组子集函数连线端子   图 3.29 数组插入函数连线端子

5. 删除数组元素

删除数组函数的连接端子如图3.30所示,其功能是从数组中删除元素,可删除的元素包括单个元素或子数组。删除元素的位置由索引值决定。长度端子指定要删除的元素个数、行数、列数。索引端子指定要删除的元素、行、列的起始位置。对二维及二维以上的数组不能删除某一个元素,只有一维数组允许删除指定元素。其用法与索引数组函数基本相同。

6. 初始化数组

初始化数组函数的连线端子如图3.31所示。其功能是创建一个新的数组。数组可以是任意长度的。每一维的长度由"维数大小"选项所决定,元素的值都与输入参数相同。初次创建的是一维数组。使用光标拖动函数的下边沿可以增加新的数组元素,从而增加数组的维数。

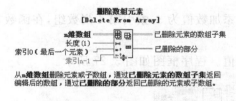

图 3.30 删除数组函数连线端子   图 3.31 初始化数组函数连线端子

7. 创建数组

创建数组元素函数的功能是把若干输入数组和元素组合为一个数组。函数有两种类型的输入,即标量和数组。此函数可以接收数组和单值元素的输入。当此函数首次出现在框图窗口时,自动带一个标量输入。要添加更多的输入,可以在函数左侧弹出菜单中选择"增加输入"选项,也可以将光标放置在对象的一个角上拖动来增加输入。此函数在合并元素和数组时,按照出现的顺序从顶部到底部合并。

【例 3.3】　创建波形数组

(1) 创建一个新的 VI,选择函数选板,在"编程"选项区中选择"结构"子选板,右击结构子选板中的 While 循环选项,放置在程序框图上。

(2) 在函数选板中选择"波形"→"模拟波形"→"波形生成"选项,选择"正弦波形"函数放置于 While 循环内,作为输入值。

(3) 设定两个正弦波形的频率和幅值,可以为不同的值。

(4) 在 While 循环内放置创建数组函数,并与两个正弦波形连线。

(5) 在控件选板中选择"新式"→"图形"→"波形图标",放置于 While 循环内,并与创建数组函数连接。

(6) 运行程序,观察结果。程序框图如图 3.32 所示。

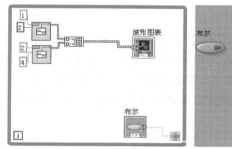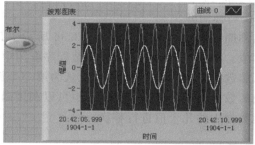

图 3.32　创建数组实例

3.4　簇型数据

与数组类似,簇是 LabVIEW 中的一种集合型的数据结构。很多情况下,为了便于引用,需要将不同的数据类型组合成一个有机整体。簇正是这样的一种数据结构,可以包含很多不同种类型的数据,而数组只能包含同一类型的数据。

3.4.1　簇的创建

簇的创建方法与数组类似。簇位于"控件选板"下的"数组、矩阵与簇"子选板中,将其放置在前面板上,得到一个空的簇,如图 3.33 所示。在簇中可以添加不同对象,构成混合簇,例如数值、数组、布尔和字符串控件;也可以添加相同的对象。簇数据也可以在框图程序中创建。

在创建簇时,簇型数据可以是输入控件和显示控件,其决定于放置到簇中的第一个元素的形式。簇元素只能同为输入件或显示件,如图 3.34 所示,簇 1 为显示型簇,里面的各类数据都是显示控件;簇 2 为输入型簇,里面的各类数据都是输入控件。若在一个簇型数据中添加相同类型的数据,如均为数值型,这样的簇又称为数值型簇,如图 3.34 中簇 2。若在一个簇型数据中添加了不同类型的数据,如图 3.34 中的簇 1 和簇 3,这样的簇又称为混合型簇。

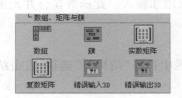

图 3.33 簇选板

图 3.34 不同类型簇控件

3.4.2 簇函数

簇函数位于函数选板下"编程"中的"簇、类与变体"子选板中,如图 3.35 所示。

（1）按名称解除捆绑

按名称解除捆绑函数的功能是根据名称有选择地输出簇的内部元素,其中元素名称就是指元素的标签。

（2）按名称捆绑

按名称捆绑函数的连线端子如图 3.36 所示。其功能是通过簇的内部元素来给簇的内部元素赋值。将"按名称捆绑"函数拖至程序框图中时,默认只有一个输入接线端,当输入簇端口接入簇数据时,左侧的接线端口默认为第一个簇数据类型。可以通过单击该端口选择希望替换的数据类型,并输入替换值;也可以利用函数图标下拉菜单改变替换元素数量来同时对原簇数据中的几个值进行替换。

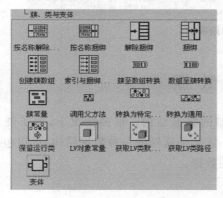

图 3.35 簇函数选板

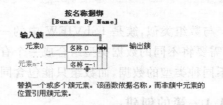

图 3.36 按名称捆绑函数的连线端子

（3）解除捆绑

该函数的功能是解开簇中各个元素的值。默认情况下,会根据输入簇自动调整输入端子的数目和数据类型,并按照内部元素索引的顺序排列。在每一个输出连线端对应一个元素,并在连线端上显示出对应元素的数据类型。同时,连线端上数据类型出现的顺序与簇中元素的数据类型顺序一致。

（4）创建簇数组

创建簇数组函数的功能是将每个组件的输入捆绑为簇,然后将所有组件簇组成以簇为元素的数组,每一个簇都是一个成员。

3.5 字符串型数据

字符串也是 LabVIEW 中一种基本的数据类型,字符串控件位于"控件选板"→"新式"→"字符串与路径"子选板中,字符串数据可以有输入控件和显示控件两种,如图 3.37 所示。在右键快捷菜单中,字符串的显示方式有 4 种。

图 3.37   字符串选板

(1)正常显示:在这种模式下,除了一些不可显示的字符如制表符、声音、Esc 等,字符串控件显示输入的所有字符。

(2)"\"代码显示:选择这种显示模式,字符串控件除了显示普通字符以外,用"\"形式还可以显示一些特殊控制字符。

(3)密码显示:密码模式主要用于输入密码,该模式下输入的字符均以"＊"显示。

(4)十六进制显示:将显示输入字符对应的十六进制 ACSII 码值。

LabVIEW 中提供了丰富的字符串操作函数,这些函数位于"函数"选板下的"字符串"子选板中,如图 3.38 所示。

图 3.38   字符串函数选板

(1)字符串长度

其功能是用于返回字符串、数组字符串、簇字符串所包含的字符个数。

(2)连接字符串

其功能是将两个或多个字符串连接成一个新的字符串,拖动连接字符串函数下边框可以增加或减少字符串输入端个数。

(3)截取字符串

其功能是返回输入字符串的子字符串,从偏移量位置开始,到字符串结束为止。

(4)替换子字符串

其功能是插入、删除或替换子字符串,偏移量在字符串中指定,可以显示被替换的子字符串。

(5)搜索替换字符串

搜索替换字符串函数的功能是将一个或所有子字符串替换为另一个子字符串。

本 章 小 结

在 LabVIEW 中，基本数据类型包括常用的数值型、布尔型和字符串型，以及枚举类型、时间类型和变体类型。

在 LabVIEW 中，有多种方法创建数组，常用的创建数组的方法有 3 种：

(1) 在前面板创建数组；

(2) 在框图程序创建数组；

(3) 循环结构自动索引创建数组。

在 LabVIEW 中，簇是一种集合型的数据结构，可以包括多种数据类型。可以分成混合型簇和单一型簇。

习 题

3.1 LabVIEW 都包含哪些基本数据类型？每类数据类型的特点是什么？

3.2 多维数组的创建方法有哪些？

3.3 什么是混合型簇？

3.4 创建一个 3 行 3 列的二维数组，并为其赋值。

3.5 创建一个簇输入控件，并创建 3 个簇元素，其类型分别为字符串、布尔型和数值型。其中，字符串标签改为"姓名"，数值型标签改为"年龄"，布尔型标签改为"签到"。

上 机 实 验

实验目的

熟悉 LabVIEW 的基本数据类型，能够熟练使用数值型运算选板；

熟悉数组、簇数据类型，能够创建多维数组。

实验内容一

建立一个 VI，产生一个 3 行 10 列 0-1 随机数的数组，检索数组的第一行并按照从大到小的顺序排列。

实验步骤：

(1) 新建一个 VI。

(2) 打开前面板，在控件选板中的"新式"选项区中选择"数组子选板"→"数组"，创建一个一维数组和一个 3 行 10 列的二维数组。

(3) 打开程序框图，在函数选板中的"编程"选项区中选择"结构子选板"→"For 循环"，创建两个 For 循环并嵌套，里层循环次数为 10，外层循环次数为 3。

(4) 在编程选项区中选择"数值子选板"→"随机数"函数，放置于里层 For 循环中，并用连线工具将随机数函数与两个循环的输出端子相连。

（5）在编程选项区中选择"数组子选板"→"索引数组"函数、"一维数组排序"函数和"反转一维数组"函数，并将它们依次连接后，再将"索引数组"函数与 For 循环的输出端子相连。

（6）为"索引数组"函数的索引值端赋 0，同时将创建的一维数组与循环输出端相连，运行程序，如图 3.39 所示。

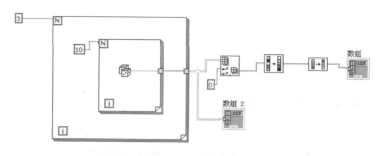

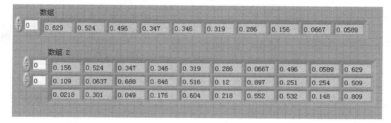

图 3.39　前面板和程序框图（实验一）

实验内容二

建立一个 VI，以你的姓名、班级、学号、成绩为内容建立一个簇，按姓名解包输出。

实验步骤：

（1）新建一个 VI。

（2）打开前面板，在控件选板中的"新式"选项区中选择"字符串与路径子选板"→"字符串显示"控件，命名为姓名。

（3）在"数组与簇子选板"中，选择"簇"控件放置前面板，再选择三个字符串输入控件和一个数值输入控件放入簇控件中，分别命名为姓名、班级、学号、成绩。在姓名中写入李明，班级中写入 093031，学号中写入 01，成绩中写入 90。

（4）打开程序框图，在函数选板中的"编程"选项区中选择"簇、类与变体子选板"→"按名称解除捆绑"函数，用连线工具将各函数连接，运行程序，如图 3.40 所示。

图 3.40　前面板和程序框图（实验二）

第 4 章

LabVIEW 程序结构

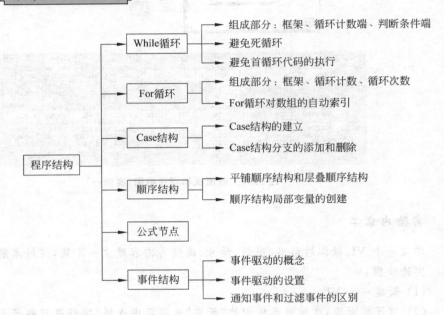

本章知识脉络图

程序结构

- While循环
  - 组成部分：框架、循环计数端、判断条件端
  - 避免死循环
  - 避免首循环代码的执行
- For循环
  - 组成部分：框架、循环计数、循环次数
  - For循环对数组的自动索引
- Case结构
  - Case结构的建立
  - Case结构分支的添加和删除
- 顺序结构
  - 平铺顺序结构和层叠顺序结构
  - 顺序结构局部变量的创建
- 公式节点
- 事件结构
  - 事件驱动的概念
  - 事件驱动的设置
  - 通知事件和过滤事件的区别

学习目标及重点

❖ 重点掌握 While 循环和 For 循环结构。

❖ 了解移位寄存器的概念、掌握移位寄存器的使用。

❖ 了解选择结构、顺序结构以及公式节点的基本概念。

❖ 重点掌握如何使用 Case 结构。

❖ 重点掌握如何使用 Sequence 结构。

❖ 了解顺序结构局部变量的创建及其使用。

❖ 掌握公式节点的使用。

图 4.1 所示为各程序结构在 LabVIEW 2010 中的位置，程序结构位于 LabVIEW 2010 程序框图函数选板的"函数"中的"编程"子选板中。

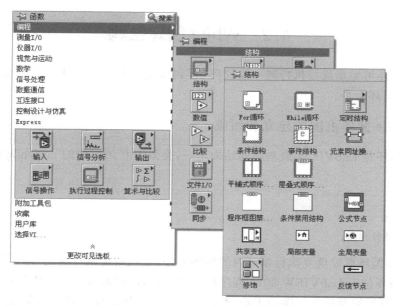

图 4.1　2010 版本的结构子模块

4.1　LabVIEW 程序结构的基本概念

（1）循环结构　LabVIEW 2010 的循环结构包括 While 循环、For 循环和定时循环结构，其中 While 循环和 For 循环结构的功能基本相同，它们都是在达到指定要求的情况下退出循环；而定时循环不同于上述两种循环结构，定时循环结构可以精确地控制循环的运行时间。

（2）条件结构　条件结构是执行条件语句的一种方法。在 LabVIEW 中，条件结构包含了多个子框图，每个框图中都有一段程序代码对应一种条件，程序根据条件运行其中的一个子框图中的程序代码。

（3）顺序结构　在 LabVIEW 中，当某一个数据节点所需要的数据都已到位，则此节点开始执行相应的命令，若某一节点必须在另外一个节点前（或节点后）执行，则可以用顺序结构来实现。

（4）事件结构　LabVIEW 是一种数据流驱动的编程环境，可以形象地表现出图标之间的相互关系及程序流程，但由于其过分依赖程序的流程，使其程序的复杂性大大增加，降低了可读性。将"事件驱动"方式引入到 LabVIEW 中，扩展了数据流的编程功能，使得用户在一定程度上减轻了用户编写代码进行流程控制的负担，使用户可以面向对象编程。

（5）禁用结构　禁用结构的主要作用是禁止程序中的某一部分代码的执行。此结构在调试程序中应用较为广泛。LabVIEW 2010 中包括程序框图禁用结构和条件禁用结构，程序框图禁用结构可实现把一部分代码屏蔽掉，调试剩余部分代码，如果程序正常运行，则说明问题出在被禁止的代码部分；条件禁用结构用于禁用一部分程序框图。

4.2　While 循环结构

While 循环可实现反复执行同一段代码,直到满足某个条件为止。它类似于 C 语言中的 do While 循环命令。

4.2.1　While 循环框图的建立和组成

While 循环是 LabVIEW 最基础的结构之一,类似于 C 语言中的 do while 循环结构:

```
do
{
    循环体
}while(条件判断)
```

即 While 循环可以反复执行循环内的框图程序,直到特定条件满足,停止循环。

While 循环位于 LabVIEW 2010 程序框图函数选板的"函数"→"编程"→"结构"子选板中,其可通过鼠标拖动确定框图的大小,然后在 While 框图内编写程序语句,如图 4.2 所示;或者是先编写程序代码,然后选择 While 循环结构将需要循环的程序代码框起来。

图 4.3 所示为 While 循环的组成部分,其中包含循环框架和两个端口,即循环计数端和判断条件端。

循环框架

循环计数端　　　判断条件端

图 4.2　While 循环结构的建立　　　　**图 4.3　While 循环框架的组成元素**

While 循环执行的是包含在循环框架中的程序代码,循环的次数没有限制,循环计数端会显示当前循环的次数,而判断条件端作为终止循环的唯一条件,默认情况下,判断条件端是⊙,输入的布尔值为 T(Ture 或真)时,While 循环结束;布尔值为 F(False 或假)时继续执行 While 循环。若希望判断条件端为 F(False 或假)时 While 循环结束,布尔值为 T(Ture 或真)时继续执行 While 循环,可以通过单击判断条件端来改变,当鼠标指针为手型工具(操作值)时,单击判断条件端后,其变为⟳,即实现输入的布尔值为 F(False 或假)时,While 循环结束;布尔值为 T(Ture 或真)时,继续执行该循环。另外一种实现判断条件端改变的方法是:在判断条件端的右键菜单中选择 While 循环的终止条件为"真(T)时停止"或者是"真(T)时继续",如图 4.4 所示。

创建常量
创建输入控件
创建显示控件
✓ 真 (T) 时停止
真 (T) 时继续
布尔选板"
属性

图 4.4　判断条件端的菜单选项

While 循环的执行过程:循环计数端 i 的初始值为 0,每执行一次循环自动加 1,条件判断端用于判断 While 循环是否继续执行。在每次循环结束时,条件判断端会检测连接到此端口的布尔值,若值为 T(Ture 或真),则继续执行下一次循环,若值为 F(False 或假)时,终止 While 循环;因此不管条件是否成立,VI 程序至少要执行一次。如果不给条件判断端赋值,则 While 循环只执行一次。

4.2.2 While 循环应用示例

【例 4.1】 使用 While 循环显示随机数序列。

本例使用 While 循环显示随机数序列及计数循环次数,VI 的前面板和程序框图如图 4.5 所示。流程图中 While 循环条件端子与布尔开关对象连接,只要开关状态为真(开),程序就重复执行,直到条件端子输入值为假(开关位置:关)时,停止循环。

图 4.5 使用 While 循环显示随机数序列

本例中,在 While 循环框内放置一随机数对象,每循环一次,产生的随机数及 While 循环计数次数值送前面板显示一次。通过下列步骤可构建图 4.5 中所示 VI。

(1) 在框图上放置随机数函数:在"函数"→"编程"→"数值"子选板中选择"随机数(0-1)",放置在程序框图中,产生 0~1 之间的随机数。

(2) 在"控件"→"新式"→"数值"子选板中选择"数值显示控件"放置在前面板中,并标注为"随机数:0 到 1",用以显示随机数。

(3) 在程序框图中放置 While 循环结构:在"函数"→"编程"→"结构"子选板中选择"While 循环",放置在程序框图中,将随机数函数包围在循环框内。

(4) 在"控件"→"新式"→"布尔"子选板中选择"垂直翘板开关"放置在前面板中,并右击显示其状态(显示"布尔文本"),在运行模式下,此开关用于停止 While 循环。

(5) 在前面板中为重复计数端子 i 创建指示器,将其标注为"循环次数",并利用右键菜单修改其表示方法——从右键快捷菜单中选择"长整型(I32)"类型,用以显示整数次数。

(6) 在程序框图中将计数端子 i 同"循环次数"指示器连接在一起,将布尔开关同判断条件端子连接在一起,将随机数与随机数显示器连接在一起。

(7) 为了运行该程序,使用操作工具将前面板上的布尔开关按钮设置在"开"位置(使条件端子输入值为真),单击工具栏中的图按钮开始执行程序,使用高亮模式(图)运行程序以观察程序的数据流。

(8) 从前面板上将看到循环计数器值继续增加,直到按下开关按钮到"关"位置为止。这时条件端子变成 False,While 循环停止。

(9) 将该 VI 保存,命名为 While Loop Demo. vi。

【例 4.2】 使用 While 循环显示正弦信号。

本例中,在 While 循环框内放置一仿真信号,每循环一次,产生的正弦信号幅值送前面板波形图中显示,随着时间的推移,构成一幅动态的正弦信号。在本例中,使用波形图表显示正弦信号,当单击"停止"按钮时终止 While 循环。创建程序步骤如下:

(1) 在程序框图上放置仿真信号:在"函数"→Express→"输入"子选板中选择"仿真信号",放置在程序框图中,将鼠标指针切换至手型工具(操作值)后,双击"仿真信号"打开其属性,选择"正弦"信号,并设置信号的各参数,设置完成后单击"确定"按钮。

(2) 在前面板中放置布尔按钮:在"控件"→Express→"按钮与开关"子选板中选择"停止按钮"放置在前面板中,此按钮为控制 While 循环的停止按钮。

(3) 在前面板中放置显示控件:在"控件"→Express→"图形显示控件"子选板中选择"波形图"放置在前面板中,用以显示正弦信号曲线。

(4) 在程序框图中放置 While 循环结构:在"函数"→"编程"→"结构"子选板中选择"While 循环",放置在程序框图中,将仿真信号、布尔开关和波形图包围在循环框内。

(5) 在程序框图中将判断条件端与布尔按钮相连,仿真信号与波形图相连。

(6) 运行该程序,单击工具栏中的 ⊳ 按钮开始执行程序,使用高亮模式(🔆)运行程序以观察程序的数据流。取消高亮运行模式,可以直观地在前面板上观察到正弦信号的产生过程。

(7) 在前面板上单击"停止"按钮,此时 While 循环结束,波形图中的正弦信号不再动作,完成本次循环。

(8) 将该 VI 保存,命名为 While Loop Sin. vi。程序运行结果和程序框图如图 4.6 所示。

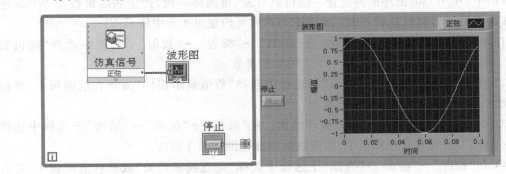

图 4.6 使用 While 循环显示正弦信号

在运行上面例子的同时,打开计算机的"任务管理器"窗口,可以看到计算机 CPU 的使用率一直处于较高的状态,如图 4.7 所示,这是因为在上例中没有对 While 循环设定循环时间间隔,计算机会默认以 CPU 的高速度运行 While 循环。如果在实际的工程中 LabVIEW 2010 程序较大,这样可能会导致计算机死机,故用户在使用 While 循环时要对循环时间间隔做出合理的设定,即在程序框图中加入等待定时器。

图 4.7 没有设置循环时间间隔计算机 CPU 使用情况

定时器位于"函数"→"编程"→"定时"子选板中,如图 4.8 所示。等待定时器有两种类型,一种是 ![icon]等待(ms),等待制定的时间;另外一种是 ![icon]等待下一个整数倍毫秒,等待计时器的时间是输入值的整数倍为止,一般情况下,这两种定时器相同。

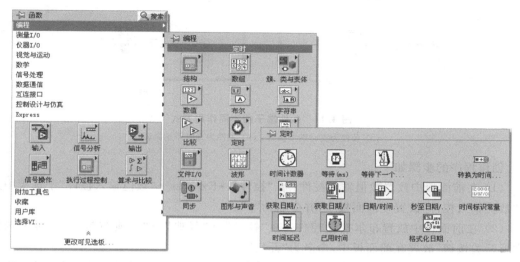

图 4.8　LabVIEW 2010 定时器位置

在上例中,可以选择"等待(ms)"定时器,添加定时器后的程序框图如图 4.9 所示。添加定时器后再次运行程序,此时再查看计算机的 CPU 使用情况,如图 4.10 所示,可以看出添加定时器后,计算机 CPU 使用率大幅度降低了。

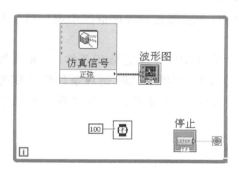

图 4.9　While 循环中添加定时器后的程序框图

图 4.10　添加定时器后计算机 CPU 使用情况

注意:在使用 While 循环时要添加定时器。

【例 4.3】　条件端子的不同作用方式应用。

图 4.11 所示为两种不同给定循环条件的框图程序。在图 4.11(a)中,如果 a≥0.5,并且"开启"按钮处于按下状态(开),则 While 信号继续执行;相反,在图 4.11(b)中,如果 a≥0.5,并且"开启"按钮处于按下状态(开),则 While 循环停止执行。

在本例中,此程序可以模拟实际工业现场的多种情况,例如:温度信号的采集,a 代表实际现场采集到的温度信号,0.5 代表设定的温度下限,开启按钮代表温度比较信号是否可送至下一环节。

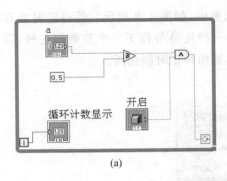
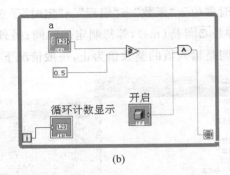

(a)   (b)

图 4.11   条件端子的不同作用方式

(a) 条件为真时继续执行；(b) 条件为真时停止循环

创建程序的步骤如下：

(1) 在前面板中放置数值输入控件：在"控件"→Express→"数值输入控件"子选板中选择"数值输入控件"放置在前面板中,并命名为"a"。

(2) 在前面板中放置布尔按钮控件：在"控件"→"经典"→"经典布尔"子选板中选择"方形开关按钮"放置在前面板中,命名为"开启"。

(3) 在前面板中放置数值显示控件：在"控件"→Express→"数值显示控件"子选板中选择"数值显示控件"放置在前面板中,命名为"循环计数显示"。

(4) 在程序框图上放置大于等于控件：在"函数"→"编程"→"布尔"子选板中选择"与",放置在程序框图中,光标放置在"大于等于?"控件上,在右键菜单中选择"数值选板"中的"数值常量",并输入"0.5"。

(5) 按照图 4.11 连接各控件,并高亮运行程序,在前面板和程序框图中观察两个程序的区别。

由上例可以看出,若判断条件端为"真(T)时继续"项,可改变循环条件(只要条件端子输入为真,循环继续)。若判断条件端为"假(F)时继续"项,While 循环条件将会变为只有在条件为假时才停止循环,而条件为真时继续循环,这为条件循环程序设计提供了灵活性。

4.2.3   While 循环编程时需要注意的问题

1. 避免死循环

对于初学者来说,编程时如果不注意,While 循环容易出现死循环的现象。如图 4.12(a)所示,连接到条件端口上的是一个布尔常量,其值永远为真,故此 While 循环将永远执行下去。若编程时出现逻辑错误,也会导致 While 循环出现死循环,如图 4.12(b)所示,此程序中将循环次数和数值 0 进行比较,其结果永远为真,出现死循环现象。

为了避免上述情况的出现,编程时最好在前面板上临时添加一个布尔按钮,与逻辑控制条件相与后再连至条件端口,如图 4.13 所示。这样,程序运行时一旦出现逻辑错误而导致死循环时,可通过这个布尔按钮强行结束程序的运行。等完成所有程序开发,经检验程序运行无误后,再将这个布尔按钮去掉。

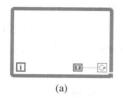
(a)

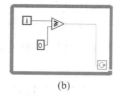
(b)

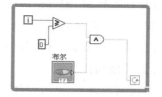

图 4.12　处于死循环状态下的 While 循环　　　图 4.13　添加一个布尔按钮的 While 循环

2. 避免首循环代码的执行

由于 G 语言是在 While 循环的循环体执行以后,才进行是否继续循环的判断,所以对于 While 循环来说,它至少也得执行一次。而有时需要程序先判断再执行,若条件不满足循环体一次也不执行。解决办法是在 While 循环框中增加一个 Case 结构,在 Ture 条件下的子框图中包含了 While 循环要做的工作(循环体)。是否执行循环体的判断,是在 Case 结构体之外进行的,其检验条件值(布尔值)连到 While 循环的条件端口和 Case 机构的选择端口上,如图 4.14 所示。在 Case 结构外预先检验条件端口的值,假如条件值为真,执行 Ture Case 分支框内的循环程序;若检验条件为假,则执行 False Case 分支框内的程序,由于此框内程序为空,所以什么也不执行,由此实现了若条件不满足,避免循环代码的执行。Case 结构的具体使用将在后面章节讨论。

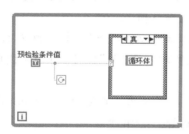
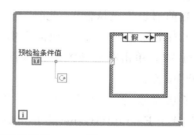

图 4.14　可避免首循环代码执行的 While 循环

4.2.4　修改布尔开关的机械作用属性

在例 4.1 中,每次运行 VI 前,都必须先使用操作工具接通垂直开关,再单击工具栏中的 ⬇ 按钮,这是由于布尔开关的默认机械属性所致,因此给调试程序带来不便。在右键菜单中,选择"机械动作"选项可以改变布尔控件的机械作用属性,如图 4.15 所示。

对于一个布尔开关,其机械动作可以有 6 种选择,以下描述各种布尔开关的特征及其各种机械动作。

🔘(单击时转换):每次以操作工具单击控件时,控件值改变。VI 读取该控件值的频率与该动作无关。这种动作类似于室内电灯的开关。

🔘(释放时转换):仅当在控件的图片边界内单击一

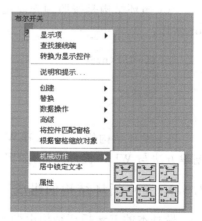

图 4.15　布尔开关的机械作用选择

次后放开鼠标按钮时,控件值改变。VI 读取该控件值的频率与该动作无关。

(保持转换直到释放):单击控件时改变控件值,保留该控件值直到鼠标按钮释放。此时控件将返回至其默认值,与门铃相似。VI 读取该控件值的频率与该动作无关。单按钮控件不可选择该动作。

(单击时触发):单击控件时改变控件值,保留该控件值直到 VI 读取该控件。此时,即使长按鼠标按钮控件也将返回至其默认值。该动作与断路器相似,适用于停止 While 循环或令 VI 在每次用户设置控件时只执行一次。单按钮控件不可选择该动作。

(释放时触发):仅当在控件的图片边界内单击一次后放开鼠标按钮时,控件值改变。VI 读取该动作一次,则控件返回至其默认值。该动作与对话框按钮和系统按钮的动作相似。单按钮控件不可选择该动作。

(保持触发直到释放):单击控件时改变控件值,保留该控件值直到 VI 读取该值一次或用户释放鼠标按钮,取决于二者发生的先后。单按钮控件不可选择该动作。

【例 4.4】 修改例 4.1 布尔开关的机械动作。

例 4.1 VI 中的布尔开关默认值为"关",现修改垂直开关的属性,使得每次运行 VI 时,不需要先去打开开关。

(1) 用操作工具接通垂直开关。

(2) 右击开关,在弹出的快捷菜单中选择"数据操作"→"将值改为真"命令,并选择"数据操作"→"当前值设为默认值"。此时"开"位置为默认值。

(3) 再次右击开关,从弹出的快捷菜单中选择"机械动作"→"单击时触发"命令。

(4) 运行 VI。单击布尔开关停止运行,开关暂时回至"关"位置,当程序读取开关值后又返回到"开"位置。

注: 为了便于参考,LabVIEW 提供了开关应用例程,名称为 Mechanical Action of Booleans. vi,位于 Example\General\Controls\booleans. llb 中。

4.3 For 循环结构

For 循环结构是按照预先设定好的循环次数将某程序段重复执行,相当于 C 语言中的 for 循环:

```
for(i=0;i<n;i++)
{
    循环体
}
```

For 循环结构位于 LabVIEW 2010 程序框图中的"函数"→"编程"→"结构"子选板中。创建方法与 While 循环相似,如图 4.16 所示。

4.3.1 For 循环结构的组成

最基本的 For 循环结构由循环框架、循环计数 i 和循环次数 N 组成,如图 4.17 所示。

图 4.16　For 循环的创建

图 4.17　For 循环结构的组成

For 循环执行的是包含在循环框架内的流程图。其重复端口相当于 C 语言 for 循环中的 i,初始值为 0,每次循环的递增步长为 1;其计数端口相当于 C 语言 for 循环中循环次数 N,在程序运行前必须为计数端 N 赋值。通常情况下,该值为整型数,若将其他数据类型连接到端口上,For 循环会自动将其转换为整型(在该端口会产生一个灰色的强制类型转换符号)。注意,重复端口的初始值和步长值在 LabVIEW 中是固定不变的,若要用不同的初始值或步长,可对重复端口产生的数据进行一定的数据运算,也可用移位寄存器来实现。

4.3.2　循环对数组的自动索引功能

自动索引功能是指循环框外的数组成员逐个依次进入循环框内,或使循环框内的数据累加成一个数组输出循环框外面。For 循环和 While 循环都支持自动索引功能,但两者的索引默认属性不同。连接到 For 循环的数组默认为自动索引,如果不需要自动索引,可以在数组进入循环的通道上右击,从弹出的快捷菜单中选择“禁用索引”命令;而连接到 While 循环的数组默认为禁用索引,如果需要自动索引,可以在数组进入循环的通道上右击,从弹出的快捷菜单中选择“启用索引”命令。通道图标如果是空心的表示启用索引,若图标是实心的则表示禁用索引。

第 3 章中已经说明了利用 For 循环创建数组的方法。For 循环在输入和输出数组时都具有自动索引功能。输出数组的自动索引功能是将每次循环得到的结果以数组的形式输送到 For 循环体外部;若输出数组为禁用索引功能,则只会将最后一次循环的结果送至 For 循环体外部。如图 4.18(a)所示,其可以实现 For 循环次数加 1 后整合成为一个数组,令 For 循环次数为 4,运行结果如图 4.18(b)所示。

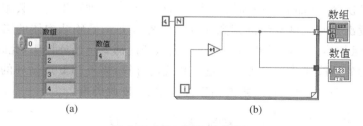

(a)　　　　　　　　　　　　　　　　(b)

图 4.18　For 循环创建数组

在图 4.18 中,如果将 For 循环体内的加 1 控件连接到 For 循环边框上,并通过右键菜单修改自动索引属性为“禁用索引”,则可以看到此时的索引图标为实心,在此实心索引图标上右击,从弹出的快捷菜单中选择“创建”→“显示控件”命令,则为“数值”显示控件而非数组显示控件,这是因为禁用了自动索引功能的缘故。此时再运行程序,得到数值显示为最后一次循环时，i＝3，i＋1＝4，即"4"为显示结果。

当数组作为 For 循环的输入元素时，For 循环输入端的自动索引功能也会自动打开。这时不需要设置 For 循环的循环次数，循环的总次数和输入数组元素的个数相同。如图 4.19 所示，当数组输入 For 循环，第一次循环时，数组的第一个元素（2）送入 For 循环体和当前循环次数"i"值（0）相加，第二次循环时，数组的第二个元素（4）和当前循环次数"i"值（1）相加，依此类推。所有元素相加后的结果在 For 循环体右侧边框整合成输出数组在前面板中显示。

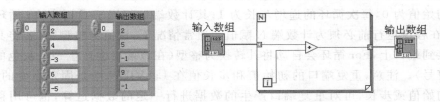

图 4.19　For 循环的数组运算

如图 4.20 所示为上例中禁用索引功能的情况，当禁用输入数组的索引功能时，必须人为地对 For 循环的循环次数进行赋值。现设置 For 循环的循环次数为 4 次，由于输入索引功能已被禁用，则每次循环数组中的所有元素都会与"i"值相加。当输出索引功能被禁用时，则输出的仅仅是最后一次循环的结果（一维数组）；而输出索引功能打开时，则输出的是由每次循环得到的一维数组组合而成的二维数组。

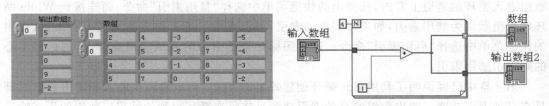

图 4.20　禁用索引时 For 循环的数组运算

如二维数组中各元素欲进行相同的计算过程，可以利用嵌套 For 循环体的方式实现，如图 4.21 所示。当一个二维数组作为输入数组送入 For 循环中，内外两个 For 循环结构体都不需要设置循环次数，外部 For 循环结构体的循环次数与二维数组的行数相同，内部 For 循环结构体的存货次数与二维数组的列数相同。当外部 For 循环结构体的当前循环次数"i"为 0 时，二维数组的第一行经过外部 For 循环进入到内部 For 循环体中，此时二维数组的第一行按照进入的先后顺序依次对各元素进行相应的计算，当外部 For 循环的循环次数"i"值为 1 时，则进行二维数组第二行元素的相应计算过程，依此类推。

图 4.21　二维数组 For 循环运算

如果多个数组之间进行运算,For 循环依然是可以实现的,如图 4.22 所示。在此例中两个一维数组作加和的运算,但这两个数组的元素数量不相同,这时 For 循环的循环次数以这两个数组中元素个数最少的数组为准。

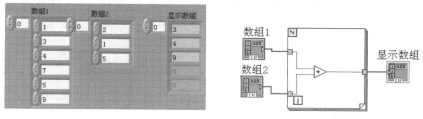

图 4.22　多个数组利用 For 循环进行运算

4.3.3　For 循环示例

【例 4.5】 使用 For 循环显示随机数序列。

在本例中,将随机数对象放置在 For 循环内部,并在前面板上显示随机数及 For 循环计数器值。图 4.23 为此例 VI 的前面板和程序框图。

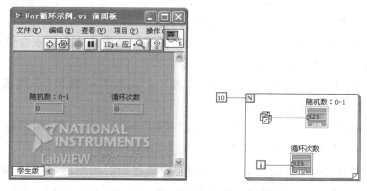

图 4.23　使用 For 循环显示随机数序列

VI 构建步骤如下:

(1) 在程序框图中放置随机数函数(利用"函数"→"编程"→"数值")。为随机数创建指示器,其标签为"随机数:0-1"。

(2) 在框图上放置 For 循环,并让循环框包围住随机数。

(3) 从计数端子右键菜单中选择"创建常量"命令,设置循环次数为 10(默认值为 0),这将使循环执行 10 次。

(4) 从重复端子右键菜单中选择"创建显示控件"命令,用以显示循环次数,并标注为"循环次数"。

(5) 调试并运行程序。建议使用高亮方式运行程序( ),否则可能因为程序运行太快,以至于不能观察清楚循环执行过程。

(6) 在前面板上,将看到循环计数值从 0 增加到 9(即重复 10 次)而每次重复将显示一个 0 到 1 之间的随机数。注意,循环计数器显示 0-9,而不是 1-10。

(7) 将 VI 保存,命名为"For 循环示例.vi"。

【**例 4.6**】 使用 For 循环计算 $\sum_{x=1}^{100} x$。

在本例中,100 个自然数求和后将结果显示在前面板上,如图 4.24 所示。

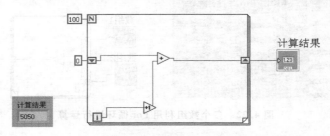

图 4.24 使用 For 循环对 100 个自然数求和

创建程序的步骤如下:

(1) 在程序框图上放置 For 循环结构控件:在"函数"→"编程"→"结构"子选板中选择"For 循环",放置在程序框图中。

(2) 对程序框图中的 For 循环设定循环次数:在 For 循环体的 N 端右击,从弹出的快捷菜单中选择"创建"→"常量"命令,设定循环次数为 100。

(3) 在 For 循环结构体上添加移位寄存器:在 For 结构体的左侧或右侧边框上右击,从弹出的快捷菜单中选择"添加移位寄存器"命令。

(4) 在程序框图上添加运算符号:在"函数"→"编程"→"数值"子选板中选择"加"和"加 1"控件,放置在 For 循环结构内。

(5) 在前面板放置计算结果显示控件:在"控件"→Express→"数值显示控件"子选板中选择"数值显示控件",放置在前面板中,并命名为"计算结果"。

(6) 在程序框图中,将加法符号的输出同移位寄存器右端相连,在移位寄存器的左端右击,从弹出的快捷菜单中选择"创建"→"常量"命令,设置移位寄存器的初值为 0。移位寄存器的右端和显示控件"计算结果"相连。在 For 循环结构体内,将循环计数端与"加 1"控件相连,将移位寄存器的左端、"加 1"控件的输出端同时送入"加"控件的输入端。

(7) 将 VI 保存,命名为"For 循环 100 个自然数求和.vi"。

【**例 4.7**】 使用 For 循环计算 $\sum_{x=1}^{n} x!$。

在本例中,求 $1\sim n$ 所有数阶乘之和,并将结果显示在前面板上。

创建程序的步骤如下:

(1) 在前面板上放置数值输入控件和数值显示控件:在"控件"→Express→"数值输入控件"子选板中,选择"数值输入控件"放置在前面板中,命名为"阶次 n";在"控件"→Express→"数值显示控件"子选板中,选择"数值显示控件"放置在前面板中,命名为"计算结果",并利用右键菜单更改其表示法为"长整型"。

(2) 在程序框图中创建 For 循环实现阶乘运算:在"函数"→"编程"→"结构"子选板中,选择"For 循环"放置在程序框图中,并在 For 循环侧边框右击创建移位寄存器,在 For

循环框内部,添加"加1"控件和"乘"控件,并在左侧移位寄存器上右击创建"常数",给该常数赋值为"1",即从1的阶乘开始算起。按照图4.25所示完成循环框内各控件的连接。

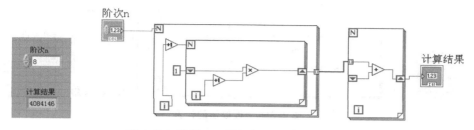

图 4.25 使用 For 循环求 1～n 各阶乘之和

(3) 在程序框图中实现多个阶乘的计算:在现有的 For 循环框外再放置一个 For 循环结构体,使得这两个 For 循环结构形成嵌套的形式,外层的 For 循环的循环次数与数值输入控件"阶次 n"相连,外层循环次数 i 加 1 后作为内层 For 循环的循环次数。

(4) 在程序框图中利用自动索引功能完成各阶乘结果相加的运算:在程序框图中,再放置一个 For 循环结构,利用自动索引功能实现各阶乘结果加和的计算,并将"计算结果"与其相连。具体各控件的使用及连接如图4.25所示。

(5) 运行该程序,并命名为"n 的阶乘求和计算.vi",运行过程可通过"高亮运行"模式观察各环节的结果显示。当 n=8 时的运行结果和程序框图如图4.25所示。

【例 4.8】 计算 e 的近似值: $e \approx 1 + \frac{1}{1!} + \frac{1}{2!} + \frac{1}{3!} + \cdots + \frac{1}{n!}$(精确到 $\frac{1}{n!} < 10^{-6}$ 为止)。

创建程序的步骤如下:

(1) 在前面板上放置数值显示控件:在"控件"→"Express"→"数值显示控件"子选板中,选择两个"数值显示控件"放置在前面板中,分别命名为"e 近似值"和"临界阶次 N"。

(2) 在程序框图中创建 For 循环实现各数的阶乘运算:在"函数"→"编程"→"结构"子选板中,选择"For 循环"放置在程序框图中,并在 For 循环侧边框右击创建移位寄存器,在 For 循环框内部,添加"加1"控件和"乘"控件,并在左侧移位寄存器上右击创建"常数",给该常数赋值为"1",即从1的阶乘开始算起。按照图4.26所示完成循环框内的各控件的连接。

(3) 在程序框图中实现各数阶乘的倒数运算及结果精度的判断:在现有的 For 循环框外放置一个 While 循环结构体,使得这两个循环结构形成嵌套的形式,外层的 While 循环的循环次数加 1 作为"临界阶次 N"的显示,在 While 循环内放置"倒数"控件("函数"→"编程"→"数值"子选板)和"小于"控件("函数"→"编程"→"比较"子选板),并在"小于"控件前创建常数"1E-6"作为精度的限定值,按照图4.26所示完成 While 循环框内的各控件的连接。

(4) 在程序框图中利用自动索引功能完成各数阶乘倒数和的运算:在 While 循环结构体的后面放置一个 For 循环结构,利用自动索引功能实现各数阶乘倒数和的计算,并将"e 近似值"与其相连。具体各控件的使用及连接如图4.26所示。

(5) 运行该程序,并命名为"e 近似值的计算.vi"。

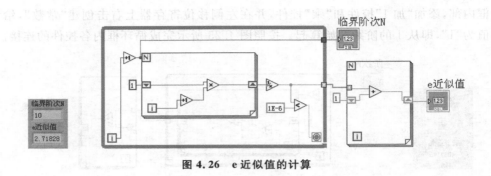

图 4.26 e 近似值的计算

4.4 移位寄存器

4.4.1 移位寄存器的概念

移位寄存器是 LabVIEW 在循环中引入的独具特色的新概念,用于 While 循环和 For
循环。使用移位寄存器可在循环之间传递数据,其功能是
将上一次循环的值传给下一次循环。创建移位寄存器的
方法是:在循环框的左边界或右边界的右键菜单中选择
"添加移位寄存器"命令,这样可以创建一个移位寄存器,
如图 4.27 所示。

移位寄存器由循环框架两条垂直边框上一对方向相
反的端口组成,如图 4.27 所示。右端口寄存器存储循环
结束时的数据,并在下一次循环时出现在左端口,数据在
移位寄存器的传递过程如图 4.28 所示。移位寄存器可存
储包括数字、布尔值、字符串、数组、簇等任何类型的数据,
但连接到同一个寄存器端口的数据必须是同一类型的。
移位寄存器能够自动与连接到它上面的第 1 个对象的数
据类型相匹配。

图 4.27 创建移位寄存器

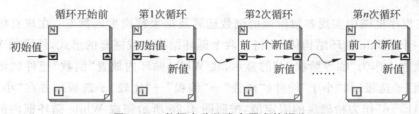

图 4.28 数据在移位寄存器中的操作

4.4.2 多个移位寄存器的建立

在一个循环体里可通过建立多个移位寄存器实现前 N 次循环数据的存储,这种特性在
程序设计中很有用(如求平均值)。添加寄存器方法如图 4.29 所示,在左端口或右端口右

击,在弹出的快捷菜单中选择"添加元素"选项,创建附加端口来存储前几次循环的值,图中在左端口添加了三个元素,即可以得到前三次循环的值。此时,在第 i 次循环开始时,左侧每一个移位寄存器便会将前几次循环由右侧移位寄存器存储到缓冲器的数据送出来,供循环框架内的各节点使用。左侧第 1 个移位寄存器送出的是第 i－1 次循环时存储的数据,第 2 个移位寄存器送出的是第 i－2 次循环时存储的数据,而第 3 个移位寄存器送出的是第 i－3 次循环时存储的数据,依此类推。

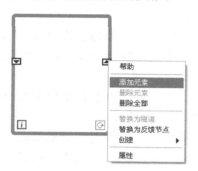 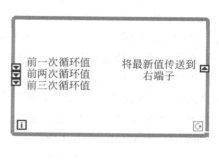

图 4.29　添加多个移位寄存器,以访问前几次循环的数据

4.4.3　移位寄存器的使用

【例 4.9】　在 While 循环中使用移位寄存器。

目的:帮助理解移位寄存器的作用和数据在移位寄存器中的传递过程。

图 4.30 所示为在 While 循环中使用移位寄存器访问前三次循环值的 VI 程序,其中前面板设计有 4 个数字指示器。由程序框图可见,其中 x[i]指示器用来记录循环次数,此值将在下一次循环开始传给左端子。x[i－1]指示器将显示前一次循环的值,x[i－2]指示器将显示两次循环以前的值,x[i－3]指示器将显示三次循环以前的值。移位寄存器初始值为 0。程序运行前单击高亮运行按钮,使程序以高亮方式运行。运行程序,并观察数据流及移位寄存器数据传送过程。

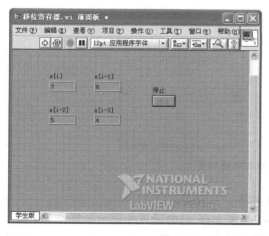 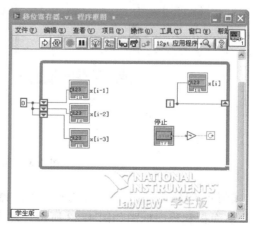

图 4.30　使用移位寄存器得到多个数值

VI构建步骤如下:

(1) 在"控件"→"经典"→"经典数值"子选板中选取4个"数值显示控件"放置在前面板中,分别标注为"x[i]"、"x[i−1]"、"x[i−2]"、"x[i−3]",分别用来显示各循环时的数据值。

(2) 在"控件"→"经典"→"经典布尔"子选板中选取"矩形停止按钮"放置在前面板中,用以停止While循环。

(3) 在"函数"→"编程"→"结构"子选板中选取"While循环"放置在程序框图中,并将程序框图中的4个数据显示控件及停止布尔控件包围。

(4) 在While循环框左边界或右边界的右键菜单中选择"添加移位寄存器"命令,创建一个移位寄存器,并在移位寄存器左端口的右键菜单中选择"添加元素"命令,增加两个附加端口用来存储前两次循环的值。

(5) 在"函数"→"编程"→"布尔"子选板中选取"非门"放置在程序框图中的While循环内部,布尔停止开关配合使用,用以达到终止While循环的目的。

(6) 按照要求,将While循环计数端与x[i]指示器相连,并将计数端数据送给移位寄存器右端口,移位寄存器3个左端口分别与x[i−1]、x[i−2]、x[i−3]相连,用以显示前一次、前两次、前三次循环的值。

(7) 将布尔停止开关通过非门连接到While循环的条件端,并将条件端口改为"真(T)时继续"。将四个指示器的表示法更改为"I32(长整型)",用以显示各循环次数。

(8) 调试并运行程序。建议使用高亮方式运行程序(⚡),否则可能因为程序运行太快,导致不能观察清楚循环执行过程。

(9) 将VI保存,命名为"移位寄存器.vi"。

注:在每次循环中,VI程序将以前的值在移位寄存器左端口由上往下依次传递。在本例中,VI只保存了最后三次的值,要保存更多的值,需要在移位寄存器的左端口添加更多的单元。

在移位寄存器端口的右键菜单中选择"删除元素"命令可删除该寄存器端子,如图4.31所示。选择"删除全部"命令,则删除移位寄存器。

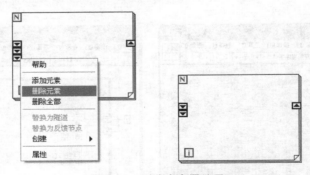

图4.31 删除寄存器端子

【**例4.10**】 使用For循环与移位寄存器实现n!的运算。

前面板和程序框图如图4.32所示。此VI功能实现n!的运算并显示运算结果。

(1) 在前面板上放置数值输入控件和数值显示控件:在"控件"→Express→"数值输入控件"子选板中选择"数值输入控件"控件放置在前面板中,命名为"n";在"控件"→

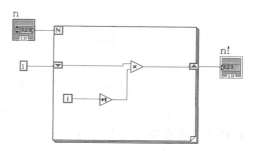

图 4.32　n!的计算

Express→"数值显示控件"子选板中,选择"数值显示控件"控件放置在前面板中,命名为
"n!"。

（2）在程序框图中计算 n!:在"函数"→"编程"→"结构"子选板中选择"For 循环"控件
放置在程序框图中,在 For 循环结构边框的右键菜单中选择"添加移位寄存器"命令,并在左
端移位寄存器上通过右键快捷菜单创建"常量",使阶乘的计算从 1 开始。在 For 循环结构
体内部放置"加 1"和"乘"控件,按照图 4.32 所示连接各控件。

（3）在前面板上先对 n 进行赋值,然后高亮运行程序,观察计算过程及结果,并命名该
程序为"n!的计算.vi"。

该程序相当于 C 语言中的下面一段程序:

```
Void main()
{
    int a=1,I,n;
    scanf ("%d"&n);
    for(i=0;i<n;)
    {
        i++;
        a=a+1;
    }
    Printf("n!=%d",a)
}
```

比较这两个程序可以看出,在 LabVIEW For 循环中的移位寄存器就相当于 C 程序代
码段中的整型变量 a。

【例 4.11】　使用 For 循环与移位寄存器实现斐波那契数列第 n 个数的运算。

斐波那契数列是指一个数列从第三项开始,每一项都等于前两项之和。前面板和程序
框图如图 4.33 所示。

（1）在前面板上放置数值输入控件和数值显示控件:在"控件"→Express→"数值输
入控件"子选板中选择"数值输入控件"控件放置在前面板中,命名为"n";在"控件"→
Express→"数值显示控件"子选板中选择"数值显示控件"控件放置在前面板中,命名为"斐
波那契值"。

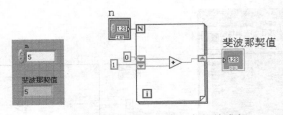

图 4.33　斐波那契数列第 n 个数的求解

（2）在程序框图中计算斐波那契数列：在"函数"→"编程"→"结构"子选板中选择"For循环"控件放置在程序框图中，在 For 循环结构边框上，利用右键快捷菜单选择"添加移位寄存器"命令，在 For 循环结构左侧移位寄存器上的右键快捷菜单中选择"添加元素"命令，并在左端两个移位寄存器上利用右键快捷菜单创建"常量"，分别赋值"0"和"1"，对斐波那契数列的前两个数分别定义为 0 和 1。在 For 循环结构体内部放置"加"控件，按照图 4.33 所示连接各控件。

（3）在前面板上先对 n 进行赋值，然后高亮运行程序，观察计算过程及结果，并命名该程序为"斐波那契数列第 n 个数的运算. vi"。

【例 4.12】 使用 For 循环与移位寄存器实现 n 个数求和的运算。

前面板和程序框图如图 4.34 所示。

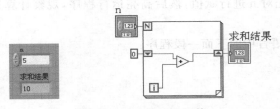

图 4.34　n 个数求和运算

（1）在前面板上放置数值输入控件和数值显示控件：在"控件"→Express→"数值输入控件"子选板中选择"数值输入控件"控件放置在前面板中，命名为"n"；在"控件"→Express→"数值显示控件"子选板中选择"数值显示控件"控件放置在前面板中，命名为"求和结果"。

（2）在程序框图中计算斐波那契数列：在"函数"→"编程"→"结构"子选板中选择"For循环"控件放置在程序框图中，在 For 循环结构边框上，利用右键快捷菜单选择"添加移位寄存器"命令，并在左端移位寄存器上利用右键快捷菜单创建"常量"，赋值"0"。在 For 循环结构体内部放置"加"控件，按照图 4.34 所示连接各控件。

（3）在前面板上先对 n 进行赋值，然后高亮运行程序，观察计算过程及结果，并命名该程序为"n 个数求和运算. vi"。

4.4.4　初始化移位寄存器

移位寄存器的初始化是通过从循环外部将常数或控件连接到移位寄存器的左端子上来实现的。移位寄存器的初始化过程如图 4.35 所示。在首次执行代码时，移位寄存器的最终值等于每个迭代的计数值之和（＝0＋1＋2＋3＋4）加初始值（2）（即为 12）。在第 2 次执行包含初始化移位寄存器的代码时,执行结果与第 1 次相同,移位寄存器被重新初始化,初始值为 2,所以最终值仍是 12。

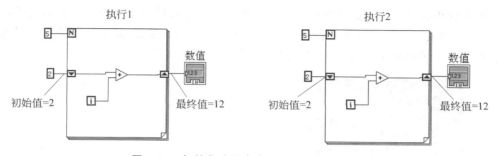

图 4.35　初始化移位寄存器两次运行 VI 结果

未经过外部初始化的移位寄存器,在首次执行 VI 时,移位寄存器的初始值为其相应数据类型的默认值。若移位寄存器数据类型是布尔型,初始化值将等于假,若移位寄存器数据类型是数据型,初始化值将等于 0。图 4.36 所示为未初始化的移位寄存器两次运行 VI 发生的情况。在第 1 次执行时,移位寄存器的最终值等于 10,不关闭 VI,再次运行,移位寄存器的最终值等于 20,这是因为在第 2 次运行时移位寄存器的初始值将取第 1次运行后的最终值(等于 10)作为初始值。因此要想使每次运行结果一致,就必须初始化移位寄存器。

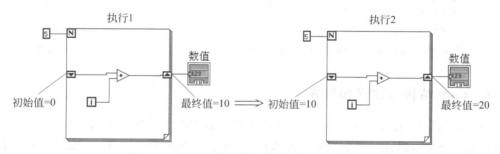

图 4.36　未初始化移位寄存器两次运行 VI 情况

注:存储在移位寄存器中的数据直到关闭 VI 才从内存中消除,如果运行的 VI 包含未初始化的移位寄存器,仅在首次运行时默认值被初始化一次,而在以后执行时,移位寄存器获得的初始值将是以前执行后的最终值。编程时必须注意初始化与未初始化移位寄存器运行 VI 的区别。

4.5　Case 结构(条件结构)

Case 结构是一种多分支程序控制结构,类似 C 语言中的 Switch 多分支条件结构。Case 结构位于"函数"→"编程"→"结构"子选板中,如图 4.37 所示。与 For 循环和 While循环结构的使用一样,通过拖拽 Case 结构图标将其放置到程序框图中,使其边框包围所希望的对象;也可以事先将 Case 结构放置在程序框图中,然后根据需要调整其大小后再将对象拖拽到结构内部。

Case 结构包含有多个子框图代码,这些子框图一次只能看到一个。如图 4.38 所示,在每个结构边框的顶部是图框显示窗,窗口中央是图框标识符,两侧为增、减按钮,在 Case 结构中,图框标识符显示了当前子图执行的条件值。单击左边的减按钮或右边的增按钮,可分别显示前一幅或下一幅子图框。若在最后一个子图框按增加按钮,则返回到第 1 个子图框;反之,在第 1 个子图框按了减按钮则返回到最后一个子图框。

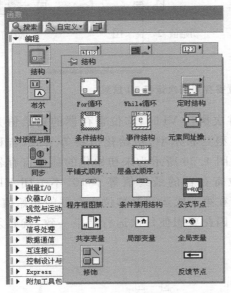

图 4.37　LabVIEW 2010 Case 结构的位置

图 4.38　Case 结构

4.5.1　Case 结构的建立和组成

Case 结构框架包括选择器标识框和选择器控制端口,可有两个或多个 Case 子图框(或称 Case 分支),但任何时候只有一个 Case 被执行。执行哪一个 Case 取决于选择器端子的输入值。选择器输入数据类型有 4 种,即布尔型、数字整型、字符串型以及枚举类型。

当选择器端子输入为布尔型值时,条件结构的图框标识符的值只有"真"和"假"两种,如图 4.39(a)所示,这是 LabVIEW 默认的选择框架类型。当选择条件为数字整型时,条件结构的框图标识符的值为整数 0,1,2,…,如图 4.39(b)所示,选择框架的个数可根据实际需要确定。当选择端子为字符串型或枚举类型值时,条件结构的图标标识符的值为双引号括起来的字符串,如图 4.39(d)和(c)所示,条件结构框架的个数也根据实际需要确定。

对数字整型和字符串型的 Case 结构,可以直接使用标签工具对选择器的标识值进行编辑。选择器标识值可设定为单值,也可以以数值列表或数值范围的形式设定。列表中的各个值之间用逗号分隔,诸如 $-1,0.5,10$。对于范围输入形式如 $10..20$,这表示包含 $10\sim20$ 范围内所有的数,也可采用如 $..0$(指所有 $\leqslant 0$ 的数)或 $10..$(指所有 $\geqslant 10$ 的数)的形式。还可以采用列表和范围组合的形式,例如: $..5,7..10,12,13,14$。

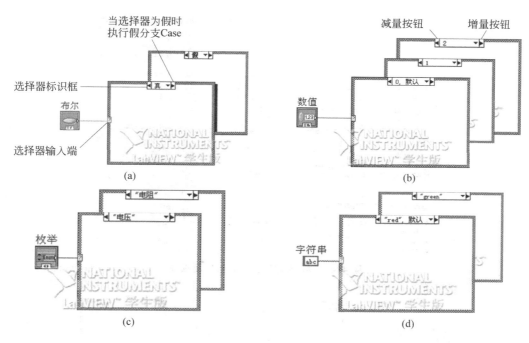

图 4.39　Case 结构

(a) 布尔型 Case 结构；(b) 数值型 Case 结构；(c) 枚举类型 Case 结构；(d) 字符串型 Case 结构

当选择器端子与一个枚举类型数据连接时，若这个枚举类型端子为空值，则在 Case 的选择器标识框会显示一个表示错误的红色字符串"1"，如图 4.40 所示。因此当一个枚举类型控件与 Case 结构连接前，必须在前面板使用标签工具为各枚举选项输入字符串。枚举类型控件位于"控件"→"经典"控制子选板。刚放到面板上的枚举类型控件，框内显示为空值，使用标签工具输入字符串，在控件上右击，在弹出的快捷菜单中选择"在后面添加项"或"在前面添加项"命令（如图 4.41 所示），可为枚举类型控件添加新的枚举选项，再使用标签工具编辑枚举元素新值，直到所需各项枚举元素值编辑完毕。枚举类型数据为不带符号的整型数，当它与一个 Case 结构连接时，以字符串形式显示。

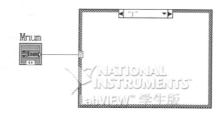

图 4.40　枚举类型控件为空值时出现错误

注：在使用条件结构时，控制条件的数据类型必须与图框标识符中的数据类型一致。二者若不匹配，LabVIEW 会报错，图框标识符中字体的颜色将变为红色。

4.5.2　Case 结构分支的添加、删除与排序

在 Case 选择框上右击，弹出快捷菜单，如图 4.42 所示。选择"在后面添加分支"命令，可在当前显示的分支之后添加分支；或选择"在前面添加分支"命令，可在当前显示的分支之前添加分支。选择"删除本分支"命令则删除当前显示的 Case 分支。当添加或删除 Case 结构中的分支时，框图标识符将自动更新以反映插入或删除的子框图。

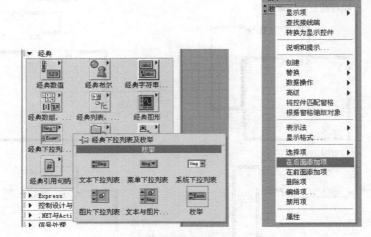

图 4.41 枚举类型控件的创建及操作

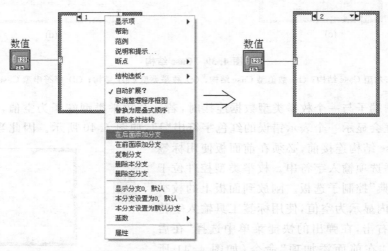

图 4.42 在 Case 结构中添加和删除分支

当需要改变分支在结构中的排列顺序时,可在弹出的快捷菜单中选择"重排分支"命令。这时,出现"重排分支"对话框,如图 4.43 所示。"排序"按钮将以第 1 个选择器值为基准对分支选择器值进行排序。为了改变选择器的位置,可单击要移动的选择器值(当选中时该值加亮)并将其拖拽到列表中所希望的位置处。

Case 结构的分支排序并不会影响 Case 结构程序执行结果,仅仅是编程上的习惯。

注:在 LabVIEW 中,对于数值型 Case 必须包含处理超出范围值的默认分支,对于其他类型的 Case 可设或不设,但必须明确地列出每一个可能的输入值。

图 4.43 "重排分支"对话框

设置默认 Case 分支的方法是：当显示默认子 Case 图框时，在选择结构边框上右击，在弹出的快捷菜单中选择"本分支设置为默认分支"命令。对于用户定义的默认分支，将在 Case 结构顶部的选择器标签中显示"默认"字样。

4.5.3　数据的输入和输出通道

当由外部节点向结构框架连线时，在结构边框就创建了输入通道，而当由框内节点向边框连线时，在结构边框就建立了输出通道。对于所有 Case 分支来说，可以使用输入通道的数据，也可以不使用。Case 结构不一定要使用输入数据或提供输出数据，但在 G 语言中，如果任何一个分支提供了输出数据，则所有的分支也都必须提供，否则可能导致代码错误。

如图 4.44 所示，图中由外部端子向真 Case 分支内部节点输入数据，创建了两个数据输入通道，而假分支 Case 对输入通道的数据可连接或不连接。图中真 Case 分支程序向外提供数据（与结构边框相连）时，创建了一个数据输出通道，输出通道也同时在假分支 Case 的相同位置上出现。所有分支 Case 都必须与输出通道连接，向外提供输出数据，否则通道显示白色小方块，如图 4.44 所示。当出现未连接的通道时，工具栏将显示折断的运行按钮（　），程序不能运行。当将假分支 Case 的框内节点也与输出通道连接上时，输出通道端口立即呈现出与提供数据类型一致的填充颜色，如图 4.45 所示。也可在白色方块的右键菜单中选择"创建常数"或"控件"选项，将常数或控件连接到数据通道。

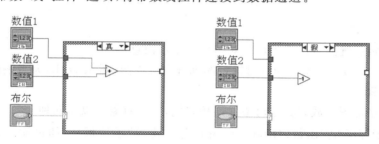

图 4.44　输出通道不正确连接

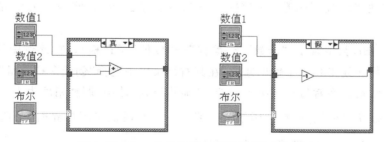

图 4.45　Case 结构的输入和输出（正确连接）

4.5.4　Case 结构应用举例

【例 4.13】　使用 Case 结构。

目的：求一个数的平方根，若该数不小于 0，计算该值平方根，并将计算结果输出；当该数小于 0 时，则用弹出式对话框报告错误，同时输出错误代码"−99999.9"。

在本例中将构建一个使用布尔型 Case 结构的 VI,该 VI 的功能是由面板数字控制器输入数字,如果次数不小于 0,由数字显示器显示此数的平方根;否则弹出对话框,指示错误信息,数字显示器输出错误代码。Square Root. vi 前面板如图 4.46 所示。

图 4.46　Square Root. vi 前面板

框图程序如图 4.47 所示。在程序框图中放置默认的布尔型 Case 结构。由于一次只能显示一个分支,先创建"真"分支程序。当需要改变分支时,在 Case 结构顶部边框上单击递增或递减按钮,再创建"假"分支程序。真分支 Case 和假分支 Case 同属一个 Case 结构。

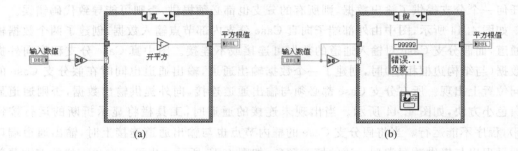

(a)　　　　　　　　　　　　　　　　　(b)

图 4.47　Square Root. vi 程序框图

(a) 真分支程序框图;(b) 假分支程序框图

简要说明如下:

(1) 在面板放置的自由标签作为对用户的提示信息。

(2) 图 4.47(a)为当条件为真时执行的真分支流程图,图 4.47(b)为当条件为假时执行的假分支流程图。

(3) 在程序框图上放置其他对象并连接它们,主要对象有以下几种。

▷0:"大于等于 0?"函数("函数"→"编程"→"比较"子选板)。如果输入数据≥0,该函数返回真,反之返回假。

▷:"平方根"函数("函数"→"编程"→"数值"子选板)。该函数返回输入数值的平方根。

-99999.9:DBL 数值常量("函数"→"编程"→"数值"子选板)。在此例中该常量表示错误代码信息。将连线工具置于输出通道,在其右键菜单中选择"创建"→"常量"命令,用标签工具输入数字常量。在常量右键菜单中选择"显示格式"选项,调整精度为 1 位。

🖳:"单按钮对话框"函数("函数"→"编程"→"对话框与用户界面"子选板)。在此例中该函数显示含有"错误…负数"信息的对话框。

错误… 负数:字符串常量("函数"→"编程"→"字符串"子选板)。用标签工具在框内输入文本。

(4) 返回前面板,运行 VI。输入一个大于 0 和一个小于 0 的数进行检查。

(5) 保存 VI,将 VI 命名为 Square Root. vi,关闭 VI。

注:在 Case 结构的程序左右边框上所见的黑色方框分别为数据的输入/输出通道。在本例中创建两个通道,一个通道将数据输入到 Case 结构,一个通道从结构向外输出数据。

【例 4.14】　使用 Case 结构实现温度监测报警。

（1）在前面板上放置温度模拟控件和温度显示控件：在"控件"→"新式"→"数值"子选板中,选择"旋钮"控件放置在前面板中,命名为"温度模拟"；在"数值"子选板中,选择"温度计"控件放置在前面板中,在"温度模拟"控件上双击显示的最大数值,修改为 100,即温度的模拟范围是 0~100℃。

（2）在前面板上放置指示灯控件和停止按钮：在"控件"→"新式"→"布尔"子选板中,选择"方形指示灯"控件放置在前面板中,命名为"指示灯",右击"指示灯"控件,从弹出的快捷菜单中选择"属性"命令,在弹出的属性对话框中选择"外观"选项卡,设置指示灯的颜色,设置指示灯开时为绿色,指示灯关时为红色,如图 4.48 所示。在"控件"→"新式"→"布尔"子选板中,单击"停止按钮"控件放置在前面板中,此按钮的作用是用来停止本系统的执行。

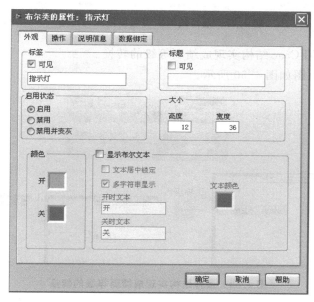

图 4.48　指示灯设置

（3）在程序框图中创建条件结构：在"函数"→"编程"→"结构"子选板中,选择"条件结构"控件放置在程序框图中,在"函数"→"编程"→"比较"子选板中选择"小于等于?"选板,放置在程序框图中,将"小于等于?"控件的一个输入端与"模拟温度"控件相连,在另外一个输入端上右击创建常量,设定温度上限为"60",将"小于等于?"控件的输出端与条件结构输入端相连。

（4）在条件结构中放置内容：在"函数"→"编程"→"布尔"子选板中,选择"真常量"放置在"真"分支中,与指示灯连接,在"假"分支中放置"假常量",并从"函数"→"编程"→"图形与声音"中选择"蜂鸣声"放置在"假"分支中,起到超限报警的作用。将"模拟温度"与"温度计"控件相连,用以实时显示当前的温度值。

（5）在程序框图中创建 While 循环：在程序框图中创建 While 循环,将程序框图中的内容都包含在 While 循环中,在 While 循环体内设定循环间隔时间为 100 ms,并在前面板中放置"停止"按钮,在程序框图中将"停止"按钮与 While 循环的条件判断端相连。While 循环在本例中可以起到程序连续执行,当单击"停止"按钮后结束程序执行的作用。

(6)在前面板可通过旋钮转动观察显示结果,命名该程序为"条件结构实现温度监测与报警.vi"。前面板和程序框图如图4.49所示。

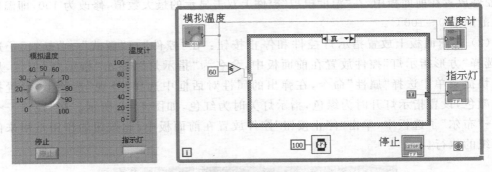

图4.49 条件结构实现温度监测与报警

【例4.15】 使用 Case 结构实现成绩到等级的转换。

前面板和程序框图如图4.50所示。

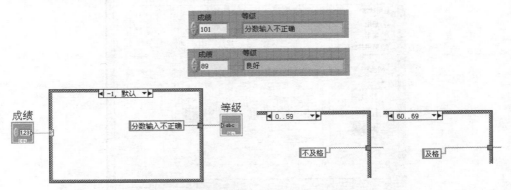

图4.50 条件结构实现成绩到等级的转换

(1)在前面板上放置成绩输入控件和等级显示控件:在"控件"→"新式"→"数值"子选板中,选择"数值输入控件"控件放置在前面板中,命名为"成绩";在"控件"→"新式"→"字符串与路径"子选板中,选择"字符串显示控件"放置在前面板中,命名为"等级"。

(2)在程序框图中创建条件结构:在"函数"→"编程"→"结构"子选板中,选择"条件结构"控件放置在程序框图中,将"成绩"控件与条件结构的输入端相连,此时条件结构选择器端口变为数值型端口,将默认分支改为"−1,默认",并在默认窗口中放置字符串常量"分数输入不正确"(在"函数"→"编程"→"字符串"子选板中);将条件结构切换至下一分支,将"1"分支修改为"0..59",并在此分支中放置"不及格"字符串常量,表示0~59分为"不及格"等级;将光标放置在条件结构选择器上右击,从弹出的快捷菜单中选择"在后面添加分支"命令,并将分支命名为"60..69",在此分支中放置"及格"字符串常量。按照上述方法,在此条件结构中再添加3个分支,分别为"70..79"、"80..89"、"90..100",分别在这三个分支内放置"中等"、"良好"和"优秀",将所有分支中的字符串通过条件结构的边框与"等级"字符串输出显示控件相连。

（3）在前面板通过人工输入成绩,运行程序观察结果,命名该程序为"条件结构实现成绩到等级的转换.vi"。

【例4.16】 使用Case结构实现等级到成绩的转换。

前面板和程序框图如图4.51所示。

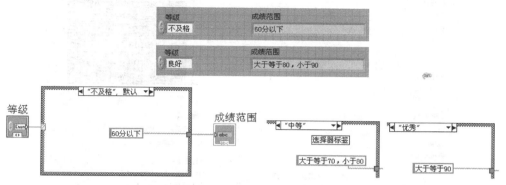

图4.51　条件结构实现等级到成绩的转换

（1）在前面板上放置等级选择控件和成绩显示控件:在"控件"→"新式"→"下拉列表与枚举"子选板中,选择"枚举"控件放置在前面板中,命名为"等级";在"控件"→"新式"→"字符串与路径"子选板中,选择"字符串显示控件"放置在前面板中,命名为"成绩范围"。将光标放置在"枚举"控件上右击,从弹出的快捷菜单中选择"属性"命令,在编辑项标签页上添加"不及格"、"及格"、"中等"、"良好"和"优秀"。

（2）在程序框图中创建条件结构:在"函数"→"编程"→"结构"子选板中,选择"条件结构"控件放置在程序框图中,将"等级"控件与条件结构的输入端相连,此时条件结构选择器端口变为各等级情况,在条件结构各分支中分别添加字符串"小于60"、"大于等于60,小于70"、"大于等于70,小于80"、"大于等于80,小于90"和"大于等于90"。分别将各分支中字符串通过条件结构边框与"成绩范围"控件相连。

（3）在前面板通过人工选择等级,运行程序观察结果,命名该程序为"条件结构实现等级到成绩的转换.vi"。

【例4.17】 使用Case结构处理错误。

在LabVIEW中,采用条件结构是处理错误信息的方法之一。

（1）在前面板上放置信号算术平均值和信号状态控件:在"控件"→"新式"→"数值"子选板中,选择"数值显示"控件放置在前面板中,命名为"信号算术平均值";在"控件"→"新式"→"字符串与路径"子选板中,选择"字符串显示控件"放置在前面板中,命名为"信号状态"。

（2）在程序框图中创建条件结构:在"函数"→"编程"→"结构"子选板中,选择"条件结构"控件放置在程序框图中。

（3）在程序框图中创建仿真信号控件和信号统计控件:在"函数"→Express→"输入"子选板中,选择"仿真信号"控件放置在程序框图中,并设置仿真信号属性,如图4.52所示,将仿真信号的"错误输出"端连接到条件结构的输入端,此时条件结构变为一绿一红两个结构分支,将仿真信号的正弦与噪声输出端通过条件结构边框与统计控件的"信号"端相连;在程序框图中,选择"函数"→Express→"信号分析"子选板,选择"统计"控件放置在条件控件"无错误"分支内,并设置统计信号属性为"算术平均"。

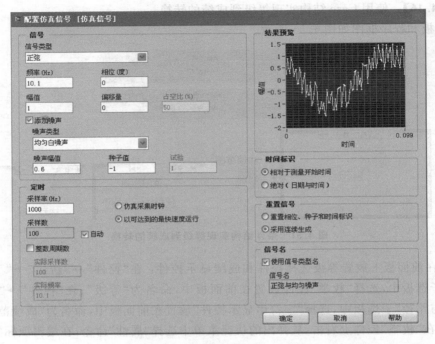

图 4.52 仿真信号属性对话框

(4) 在条件结构"无错误"分支中,添加字符串常量为"信号正常",并将其通过条件结构边框与"信号状态"控件相连,将"统计"控件中的"算术平均"输出端通过条件结构边框与"信号算术平均值"控件相连。

(5) 在条件结构"错误"分支中,添加字符串常量为"生成信号发生错误",将其通过条件结构边框与"信号状态"控件相连,并在与"信号算术平均值"连接的条件结构边框上右击,在弹出的快捷菜单中选择"未连接时选择默认"命令。

(6) 运行程序观察结果,如果此 VI 执行时没有发生错误,则计算此输出信号的算术平均值,并提示信号正常。如果这个 VI 执行时发生了错误,则只提示生成信号发生错误。命名该程序为"条件结构处理错误.vi"。前面板和程序框图如图 4.53 所示。

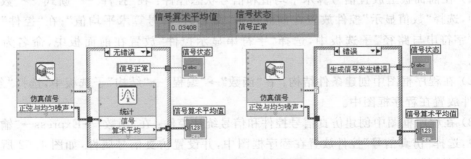

图 4.53 条件结构处理错误

【例 4.18】　使用 Case 结构拆分数组。

在 LabVIEW 自带的范例中,给出了使用条件结构实现对数组的拆分。前面板和程序框图如图 4.54 所示。

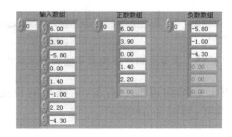

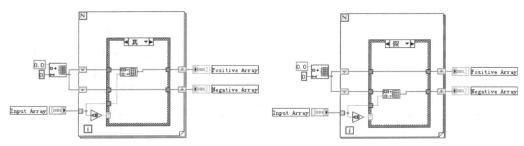

图 4.54　条件结构拆分数组

此范例可以实现将输入的一个浮点数的数组的正、负数元素分开。本范例利用 For 循环和移位寄存器创建了两个浮点数组,分别用于存储输入数组中的正、负元素。利用 For 循环的自动索引功能,输入数组元素每次循环进入一个元素到 For 循环体中,当该元素小于 0 时,就执行"真"分支,把它加到负数数组中;否则执行"假"分支,将它加到正数数组中去。最后再经过 For 循环的移位寄存器将条件结构中累加起来的正、负两个数组分别送到"正数数组"和"负数数组"显示。

4.6　顺　序　结　构

顺序结构(Sequence 结构)看上去就像电影胶片一样,由一帧或多帧图框组成。在通用编程语言中,程序语句执行顺序依据它们在程序中的前后位置;而在数据流概念编写的程序中,只有当一个节点的所有输入数据均有效时,这个节点才能被执行。但有时编程者需要按顺序一个节点一个节点地执行,这可使用顺序结构。G 语言使用顺序结构作为强行控制节点执行顺序的一种方法。在该版本中增添了平铺顺序结构,如图 4.55 所示,同时可显示整个顺序结构,克服了以前版本掩盖部分代码的缺陷,体现了 G 语言数据流编程的特点,方便代码的编写。

4.6.1　顺序结构的创建与组成

顺序结构可从框图程序中的功能选板"编程"→"结构"子选板中创建,刚创建的顺序结构如图 4.56 所示,为单框架顺序结构。单框架顺序结构只能执行一步操作。但大多数情况下用户需要按顺序执行多步操作,因此需要在单框架的基础上创建多框架顺序结构,如

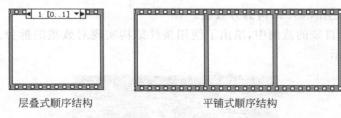

层叠式顺序结构　　　　　　　　　　　平铺式顺序结构

图 4.55　层叠式顺序结构和平铺式顺序结构

图 4.57 所示。创建方法：在顺序结构边框上右击，从弹出的快捷菜单中选择"在后面添加帧"或"在前面添加帧"命令即可，如图 4.58 所示。

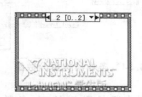

图 4.56　单框架顺序结构　　　　**图 4.57　多框架顺序结构**　　　　**图 4.58　创建多框架顺序结构**

最基本的顺序结构由顺序框架、图框标识符和递增/递减按钮组成，如图 4.56 所示。在顺序结构中，每一个子图框称为帧。子图框标识符显示出当前执行的子帧序号。如果顺序结构子图框标识符是数字整型，子图框标识符值后面跟以框图标识符范围，显示出该结构包含子框图的最小值和最大值。

程序运行时，顺序结构会按框图标识符 0,1,2,… 的顺序，从第 0 帧开始，一帧一帧按顺序执行每一帧框图程序。

在程序编辑状态使用操作工具单击递减/递增按钮可将当前编号的顺序框架切换到前一编号或后一编号的顺序框架。

4.6.2　顺序结构局部变量的创建

顺序结构可在帧与帧之间传递信息。为了从一个帧向其他帧传递数据，可使用称为"顺序结构局部变量"的端口。

创建"顺序结构局部变量"端口的方法是：在顺序结构边框右击，从弹出的快捷菜单中选择"添加顺序局部变量"命令，如图 4.59 所示。一旦将顺序结构局部变量放置在边框上，可将其拖拽到边框上其他

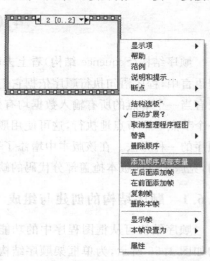

图 4.59　添加顺序局部变量

未被占用的任何位置。开始时,局部变量端子显现为一个空的小方块,一旦将数据连接到端子上,帧端子中将出现一个黄色的向外或向内的箭头,箭头向外表示本帧是向外输出数据的数据源,箭头向内说明是其他帧向本帧输送数据。在顺序结构中仅能一个帧给顺序结构局部变量赋值,该帧称为数据源帧,这个数据源能够被后续所有帧使用,但在源帧前面的帧中不能使用。如图 4.60 所示,1 帧为数据源,通过顺序结构局部变量向外发送数据,这个数据对 0 帧无效,但对后续的所有局部变量都有效。

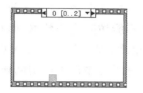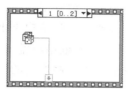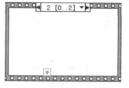

图 4.60   有三个帧的顺序结构局部变量

要删除顺序结构局部变量只需要在局部变量右键菜单中选择"删除"命令,如图 4.61 所示。

与 Case 结构不同,顺序结构的输出通道仅能有一个数据源。输出可以由任一个帧发出,且此数据一直要保持到所有帧全部完成执行时才能脱离结构。

4.6.3 顺序结构中数据输入、输出与传递

向顺序结构中输入数据时,各个子程序框图连接或不连接这个数据的隧道都可以,但从顺序结构向外输出数据时,各个子程序框图中只有一个连接这个隧道,否则隧道图标是中空的,程序运行按钮也是断开的。这一点与条件结构不同,而且,不管由哪一个子程序框图向外传递数据,都要等所有子程序框图顺序执行完成后才能传出数据。

在各个子程序框图之间传递数据,平铺顺序结构可以直接连线,如图 4.62 所示,但是层叠顺序结构要借助于顺序局部变量。

图 4.61   局部变量的删除

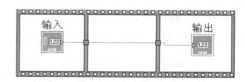

图 4.62   平铺顺序结构分支之间连接

建立顺序局部变量的方法是在顺序结构边框上右击,从弹出的快捷菜单中选择"添加顺序局部变量"命令。这时在弹出快捷菜单的位置出现了一个橙色小方框,为这个小方框连接数据后它中间出现一个指向顺序结构框外的箭头,并且颜色也变为与连接的数据类型相符,如图 4.63 所示。

在这里需要注意的是,不能在顺序局部变量赋值之前的子程序(子帧)框图中访问这个数据,在这些子程序中顺序局部变量图标没有箭头,也不允许连线,如图 4.63 所示。从图中

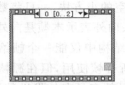 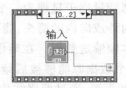 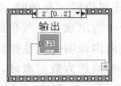

图 4.63　层叠式顺序结构分支之间连接

可以看到,在 1 号子程序中顺序结构边框上建立了一个顺序局部变量,在其之前的 0 号子程序中的顺序局部变量框中没有箭头,说明在 0 号子程序中不能访问这个数据,而在 1 号子程序后面的 2 号子程序中对应的顺序局部变量框中有箭头出现,即 2 号子程序可以访问这个数据。也就是说,在创建顺序局部变量的子程序之后的所有子程序都可以访问该数据,而之前的子程序不能访问该数据。

4.6.4　顺序结构应用举例

【例 4.19】　将以随机数发生器产生的数字与面板输入的给定数字进行比较,计算两个数匹配所需要的时间。

前面板如图 4.62 所示。在面板上的"待匹配的数"控件中设定需要匹配的数字,程序运行时由"当前数"指示器显示当前随机数,当得到匹配数字时,"循环计数"指示器显示出匹配之前进行重复循环比较的次数,搜索到匹配数字所需要的时间送"匹配所需时间"指示器显示。

(1) 打开一个新的前面板,按图 4.64 所示创建面板,并按图中文本描述修改控制器和显示器。

(2) 在"匹配所需时间"控制器的右键菜单中选择"显示格式"命令,输入两位数字精度,单击"确定"按钮。

(3) 在"待匹配的数"、"当前数"、"循环计数"数字控件

图 4.64　执行自动匹配.vi 前面板

上右击,从弹出的快捷菜单中选择"表示法"中的"长整型"(I32),将输出设置为 32 位整型数。

(4) 在"待匹配的数"指示器上右击,从弹出的快捷菜单中选择"数据输入…"命令,弹出如图 4.65 所示"数值类的属性:待匹配的数"对话框,按图 4.63 所示设定最小值、最大值和增量值,设置完毕单击"确定"按钮。然后设定数据范围。

使用"数据输入…"选项,可以避免用户设定的控制数值或显示数值超出预定的范围或预定增量。若超出范围,在对话框中设有两种处理选择方案供编者选择设定,它们分别是"忽略"、"强制"(强制转换到预置范围内)。

程序框图的编写如下:

(1) 在框图窗口放置顺序结构。

(2) 在帧的边框右键菜单中选择"在后面添加帧"命令,创建一个新帧。重复此步创建第 2 帧。

(3) 在 0 帧的底部右键菜单中选择"添加顺序局部变量"命令,在其底部建立顺序局部变量。

(4) 按图 4.66 所示创建各帧流程图。

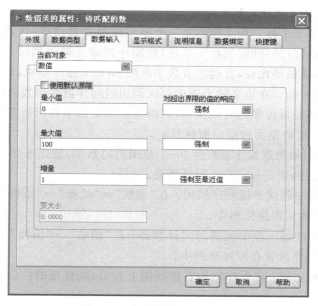

图 4.65　数值类的属性对话框

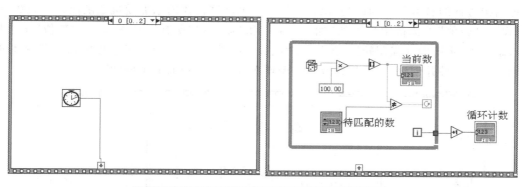

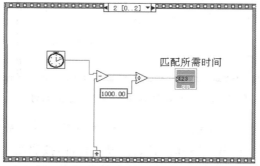

图 4.66　执行自动匹配.vi 程序框图

🕐：时间计数器(ms)函数("函数"→"编程"→"定时"子选板)。这个函数读取操作系统的软件定时器的当前值,并以毫秒为单位返回时间值。

🔢：最近数取整：四舍五入取整函数("函数"→"编程"→"数值"子选板)。

注：内部时钟分辨率不高。在 Windows 2000/NT/9X 上分辨率大约为 1 ms。分辨率

受操作系统控制,而不是 LabVIEW 控制。

本例程序使用了 3 个帧。在 0 帧建立一个顺序局部变量,时间计数器函数读操作系统的软件时钟,并将返回时钟值(以毫秒为单位)经顺序局部变量送到后面的帧。在 1 帧子图中,将随机数与给定值循环比较,直到二者数字匹配,While 循环结束,将循环计数值增 1 送显示,接着执行最后一帧。在第 2 帧子图中再次调用时间计数器函数,将前面读取的时间值减去从 0 帧顺序局部变量传来的时间值,得到的差值就是数字匹配所花费的时间,再将结果除以 1000,将时间单位转换为秒送前面板显示。

【例 4.20】　利用随机数发生器产生 0~1 范围内的数字,使用平铺式顺序结构,计算这些随机数的平均值达到 0.5~0.5001 时所需要的时间。

(1) 在程序框图中创建平铺顺序结构:在“函数”→“编程”→“结构”子选板中,选择“平铺顺序结构”控件放置在程序框图中。

(2) 在程序框图的第一帧中放置时间计数器:在“函数”→“编程”→“定时”子选板中,选择“时间计数器”控件放置在程序框图中。

(3) 顺序结构添加帧:在顺序结构右侧框图上右击,从弹出的快捷菜单中选择“在后面添加帧”命令。

(4) 按要求添加随机数并求平均值:在顺序结构第二帧中放置一个 While 循环,通过循环结构边框的右键菜单创建“移位寄存器”,在循环结构体内添加随机数函数(在“函数”→“编程”→“数值”子选板中),添加“加”、“加 1”和“除”(在“函数”→“编程”→“数值”子选板中),添加“判定范围并强制转换”控件(在“函数”→“编程”→“比较”子选板中),按照图 4.67 所示连接各控件并创建“当前累计数”和“循环次数”两个“数值显示控件”。

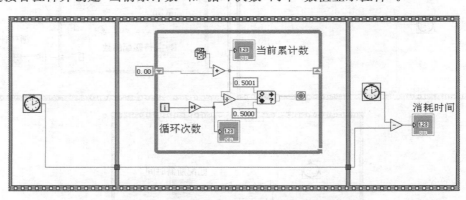

图 4.67　随机数达到预定平均值需要的时间

(5) 按照上述方法,在顺序结构中添加第三帧,并在第三帧中放置另一个时间计数器和“减”控件,同时在前面板上放置“消耗时间”数值显示控件,按照图 4.67 所示连接各控件,实现程序运行开始与程序执行结束后两个时间计数器的差值,即达到设计要求所需要的时间。

4.6.5　顺序结构的缺陷与人为的数据依从关系

NI 公司在 LabVIEW 中提供了顺序结构,却不提倡过多地使用它,原因主要有以下两点。

(1) 顺序结构妨碍了作为 LabVIEW 优点之一的程序并行运行机制。

（2）顺序结构掩盖了部分程序代码，中断了作为 LabVIEW 主要特点的数据流形式。这一点已经通过使用平铺式顺序结构解决。

作为顺序结构的替代，控制程序执行顺序的方法是建立人为的数据依从关系。在这种情况下，是数据的到达而不是它的值来触发对象的执行，数据的接收对象也许并不实际需要它的值。

在图 4.68 所示的程序中，如果不建立人为的数据依从关系，则两个 While 循环不能确定哪一个先开始执行。因为 LabVIEW 并不保证程序框图从左向右或者从上到下执行。从需要先执行的结构内任意一个节点连一条线到下一个结构的边框，则保证了这两个结构执行的顺序。可以看到，后一个循环中没有任何一个对象需要这个数据，只是起到让它等待数据到达再执行的目的，这也是程序中常用的一种方法。

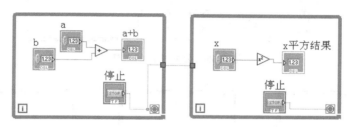

图 4.68　人为的数据依从关系

4.7　公式节点

在框图程序中，如果需要设计较复杂的数学运算，框图将会十分复杂，工作量大，而且不直观，调试、改错也不方便。这时，可以利用 LabVIEW 提供的特殊公式节点结构。只需将数学公式的文本表达式输入在公式节点的框图内，并连接相应的输入和输出端口，LabVIEW 会自动地根据框内公式计算出正确的结果，从输出端输出。

4.7.1　公式节点的创建

公式节点位于"函数"→"编程"→"结构"子选板中，如图 4.69 所示。公式节点是一个大小可以改变的框，用户可以使用标签工具，将数学公式直接写入节点框内。

在公式节点的边框右键菜单中选择"添加输入"和"添加输出"命令创建输入变量和输出变量端口，使用标签工具为每个变量命名，如图 4.70 所示。变量名区分大小写，必须与公式中的变量匹配。输入变量的端口在公式节点的左边，输出变量则分布在节点的右边，且输出端口具有较粗的边框。可在公式节点边框添加多个变量。

当公式中含有多个变量或公式较复杂时，使用公式节点十分有用。仅以简单方程式 $y=x^2+x+1$ 为例，如果用常规的 LabVIEW 算术功能函数实现此方程，框图程序如图 4.71 所示。

使用公式节点可实现相同等式计算，流程图如图 4.72 所示，只需要按照 C 语言的语法规则，使用标签工具将公式直接写入节点内，即完成一个完整的公式节点的创建。

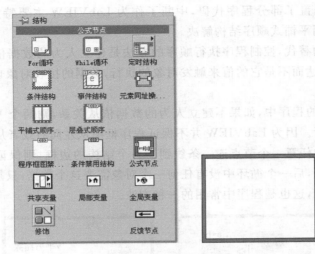

图 4.69 公式节点的创建

 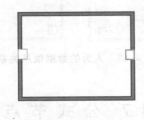 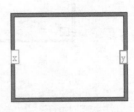

图 4.70 添加输入/输出端口

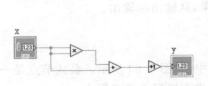

图 4.71 使用算数功能函数

图 4.72 使用公式节点计算方程式

注：每个公式语句必须用分号结束。

4.7.2 公式节点语法

公式节点中代码的语法与 C 语言相同，可以进行各种数学运算，这种兼容性使 LabVIEW 的功能更加强大，也更容易使用。在公式节点中可以使用的数学函数名、运算符、语法规则等可从上下文帮助窗口中得到，如图 4.73 所示。

在公式节点中不能使用循环结构和复杂的条件结构，但可以使用条件运算和表达式：

<逻辑表达式>?<表达式 1>:<表达式 2>

下面举例说明在公式节点内如何实现条件分支。

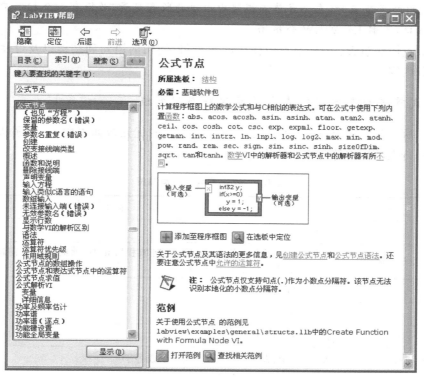

图 4.73　公式节点帮助信息

例如计算两数比率 x/y，使用 C 语言编程的代码段如下：

```
if(y!=0)z=x/y;
else z=∞;
```

在此代码段中，当 $y=0$ 时，设置结果为 ∞。

可以使用公式节点完成上述代码段功能，如图 4.74 所示。

程序框图的实现步骤如下：

（1）在程序框图中添加公式节点控件（"函数"→"编程"→"结构"子选板）。

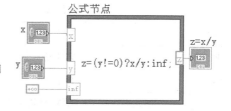

图 4.74　使用公式节点实现代码段功能

（2）在公式节点控件的左边框右击，从弹出的快捷菜单中选择"添加输入"命令，增加三个输入变量，分别命名为"x"、"y"、"inf"。在公式节点控件的右边框右击，从弹出的快捷菜单中选择"添加输出"命令，增加一个输出变量，命名为"z"。

（3）在"x"、"y"两个输入变量上右击，从弹出的快捷菜单中选择"创建"→"输入控件"命令，作为 x、y 两变量的输入控件。

（4）在"inf"输入变量上右击，从弹出的快捷菜单中选择"数值选板"→"正无穷"控件，用来指示当 y=0 时，输出的表达式。

（5）用文本工具在公式节点框内将程序代码写入。

（6）在前面板上输入 x、y 值，运行 VI，并保存。

注：使用公式节点时，在公式节点框架中出现的所有变量，必须有一个相对应的输入端口或输出端口，否则 LabVIEW 会报错。

公式节点语法包含：公式节点中使用的运算符、使用的语句和结构以及可使用的内置函数三部分内容。

1. 公式节点和表达式节点中的操作符与优先级

表 4.1 所示为公式节点中常用的运算符。操作符的优先级如表所示，顺序从高到低排列。在同一行上的操作符有相同的优先级。

表 4.1　公式节点常用运算符

符　　号	功　　能
**	指数
＋、－、!、~、＋＋和－－	一元加、一元减、逻辑非、补位、前向加和后相加、前向减和后向减。＋＋和－－对于表达式节点不可用
*、/、%	乘、除、取模(取余)
＋和－	加法和减法
＞＞和＜＜	算术右移和左移
＞、＜、＞＝和＜＝	大于、小于、大于或等于，以及小于或等于
!＝和＝＝	不相等和相等
&	按位与
^	按位异或
|	按位或
&&	逻辑与
||	逻辑或
?:	条件判断
＝op＝	赋值、计算并赋值，op 可以是＋、－、*、/、＞＞、＜＜、&、^、|、%或**。＝op＝对表达式节点不可用

2. 公式节点中可以使用的语句和结构

在公式节点中可以使用类似于 C 语言的语句和编程结构进行编程，表 4.2 列出了公式节点中可以使用的语句和结构。

3. 公式节点中的内置函数

公式节点主要用于简化数学计算的编程，在数学计算中需要系统提供一些常用函数。LabVIEW 2010 提供了下列内置函数：abs、acos、acosh、asin、asinh、atan、atan2、atanh、ceil、cos、cosh、cot、csc、exp、expml、floor、getexp、getman、int、intrz、ln、lnp1、log、log2、max、min、mod、pow、rand、rem、sec、sign、sin、sinc、sinh、sizefdim、sqrt、tan 和 tanh。

表 4.2 公式节点中可使用的语句和结构

语句类型	命 令	语 法	说明/范例
控制语句	Break 语句	break	Break 关键词用于在公式节点从最近的 Do、For 或 While 循环以及 Switch 语句中退出
	Continue 语句	continue	Continue 关键词用于在公式节点中将控制权传递给最近的 Do、For 或 While 循环的下一次迭代

条件语句	If-else 语句	if(assignment)
		statement1
		else
		statement2
			if(y==x&&a[2][3]<a[0][1])
			{ int32 temp;
			  temp=a[2][3];a[2][3]=y;
			  y=temp;
			}
			else
			  x=y;

循环语句	Do 循环	do
		statement
		while(assignment)
			do {
			int32 temp;
			  temp=--a[2]+y;
			  y=y-1;
			  }
			while (y!=x && a[2]>=a[0]);

	For 循环	for([assignment];[assignment];[assignment])statement	for (y=5;y<x;y * =2){
			  int32 temp;
			  temp=--a[2]+y;
			  x-=temp;
			}

	While 循环	while(assignment)statement	while (y!=x && a[2]>=a[0]) {
			  int32 temp;
			  temp=--a[2]+y;
			  y=y-1;
			  }

Switch 语句	Case 语句列表	switch (assignment)
		{case-statement-list}
			switch(month){
			  case 2: days=evenyear? 29:28;break;
			  case 4: case 6: case9: days=30;break;
			  default: days=31;break;
			  }

4.7.3 公式节点举例

【例 4.21】 用公式节点进行复杂函数的计算。

利用公式节点实现公式

$$y = \frac{x^2 + 6x + \sin x}{3x + \cos x}$$

创建程序步骤如下:

(1) 在前面板上放置"x"数值输入控件和"y"数值显示控件:在"控件"→"新式"→"数值"子选板中选择"数值输入控件",命名为"x",选择"数值显示控件",命名为"y"。

(2) 在程序框图中放置公式节点:在"函数"→"编程"→"结构"子选板中,选择"公式节点"控件放置在程序框图中,在公式节点中输入公式,注意运算符号的规则。

(3) 添加输入端口、输出端口:在公式节点左侧边框上右击,在弹出的快捷菜单中选择"添加输入"命令,命名为"x";同理,在公式节点右侧边框上创建"添加输出",命名为"y"。将输入与数值输入控件"x"相连,输出与数值显示控件"y"相连。

运行程序,用户可通过改变输入值观察输出结果的变化,计算结果及程序框图如图 4.75 所示。

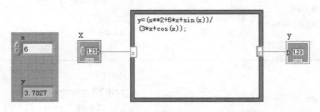

图 4.75　复杂公式利用公式节点的运算

【例 4.22】　利用公式节点进行任意函数曲线的绘制。

利用公式节点实现两个函数的计算,并在统一波形中绘制指定点的图形。两个公式如下:

$$y_1 = ax^{1/2}$$
$$y_2 = b\ln x$$

创建程序步骤如下:

(1) 在前面板上放置数值输入控件:在"控件"→"新式"→"数值"子选板中选择 3 个"数值输入控件",放置在前面板上,分别命名为"a"、"b"和"点数"。

(2) 在前面板上放置波形显示控件:在"控件"→"新式"→"图形"子选板中选择"波形图",放置在前面板上,拉伸图例曲线显示为两条,分别命名为"y1"和"y2"。

(3) 在程序框图中放置公式节点:在"函数"→"编程"→"结构"子选板中,选择"公式节点"控件放置在程序框图中,在公式节点中输入公式,注意运算符号的规则。

(4) 在"公式节点"外创建一个 For 循环,循环次数与"点数"输入控件连接。

(5) 创建公式节点的输入、输出端口:添加参数为"a"、"b"、"x","a"与"a"数值输入控件相连作为 y1 的系数,"b"与"b"数值输入控件相连作为 y2 的系数,"x"与 For 循环的计数端口"i"连接,作为函数的自变量。

(6) 在"函数"→"编程"→"数组"子选板中选择"创建数组"控件,将 y1、y2 创建成二维数组后与波形图相连。

用户可通过改变系数"a"、"b"的值与绘制图形的"点数"值,观察波形的变化。运行结果与程序框图如图 4.76 所示。

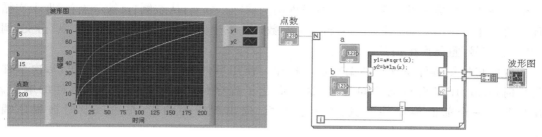

图 4.76　任意函数曲线的绘制

4.8　事件结构

4.8.1　事件驱动的概念

LabVIEW 是一种数据流驱动的编程环境,由数据流决定程序中节点的执行顺序。事件驱动扩展了数据流编程的功能,响应用户在前面板的直接干预,使用户能够面向对象编程。

LabVIEW 支持两种事件:①用户界面事件,例如鼠标单击事件;②程序设置事件,用来处理用户定义的数据与其他部分程序的通信。

事件驱动离不开循环,一般是把事件结构放入循环中,在事件结构中预先编制好处理事件的程序代码,然后循环等待事件的发生,一旦有相应的事件发生就执行相应的事件代码对事件进行响应,执行完后再回到循环等待状态。程序如何响应事件取决于为该事件所编写的代码。时间驱动程序的执行顺序取决于具体所发生的事件及事件发生的顺序。程序的某些部分可能因其所处理的事件的频繁发生而频繁执行,而其他部分也可能由于相应事件从未发生而根本不执行。

使用事件结构,可以实现用户在前面板的操作与程序框图同步执行的效果。如果不使用事件,程序必须不断查询前面板控件的状态,这样就浪费了 CPU 的效率。

图 4.77 所示的信号发生器程序就是这样一个例子。

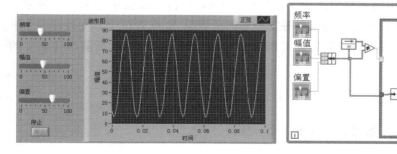

图 4.77　信号发生器

程序前面板上有“频率”、“幅值”和“偏置”3 个关于信号特征的参数控件,它们的接线端被捆绑成一个簇,用“反馈节点”保存这个簇。以后每次循环检查这个簇的当前值和反馈节点保存的值是否相等,这里需要将“不等于?”控件的“比较模式”设置成“比较集合”。如果关于信号特征的参数都没有变化,就执行条件结构的"假"分支,从右侧"反馈节点"读取上次循环的信号作为输出。如果关于信号特征的参数之一发生变化,则执行条件结构"真"分支,调用"仿真信号"重新产生信号输出。

后面将使用事件驱动重新编写这个程序。使用事件响应特定的用户动作,每次事件发生时,LabVIEW 会自动通知程序,这样简化了程序代码,保证了对所有事件的响应。用户改变一个前面板控件的值、关闭前面板、退出程序等动作,都可以及时被程序捕捉到。

4.8.2 事件结构的建立

事件结构的图标外形与条件结构极其相似,但是事件结构可以只有一个子程序框图,这个子程序框图可以设置为响应多个事件;也可以建立多个子程序框图,设置为分别响应各自的事件。在程序框图中放置事件结构的方法以及结构边框的自动增长、边框大小的手动调整等与其他结构是一样的。在事件结构边框上右击,从弹出的快捷菜单中可以选择"添加事件分支"或"复制事件分支"等命令为事件结构添加子程序框图。

在"函数"→"编程"→"结构"子选板中选择"事件结构"控件放置在程序框图中,如图 4.78 所示。

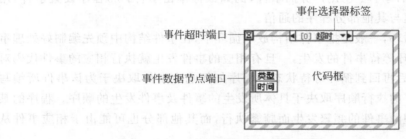

图 4.78 事件结构

事件结构主要包括超时端口、数据节点端口、事件选择器标签和代码框。"超时"接线端连接值,指定事件结构等待某个事件发生的时间,以 ms 为单位,默认为 −1,即永不超时。"事件数据节点端口"用于识别事件发生时 LabVIEW 返回的数据,根据事先为各事件分支所配置的事件,该节点可显示事件结构每个分支中不同的数据,如配置单个分支处理多个事件,则只有被所有事件类型所支持的数据才可用。"事件选择器标签"显示当前事件分支的名称。

4.8.3 事件结构的设置

对于事件结构的设置,一般可分为以下 6 个步骤:

(1) 创建一个事件结构;

(2) 设置超时参数;

(3) 添加或删除事件分支;

(4) 编辑触发事件结构的事件源;

(5) 设置默认分支结构(系统将超时分支作为默认分支);

（6）创建一个 While 循环,将事件结构包含在 While 循环体内。

下面通过一个具体的例子来说明事件结构的设置。

前面板设置两个按钮,一个为"对话框"按钮,一个为"退出"按钮。当"对话框"按钮按下时弹出对话框;当"退出"按钮按下时,直接停止程序运行。

（1）在程序框图中创建事件结构:从"函数"→"编程"→"结构"子选板中选择"事件结构"放置在程序框图中。

（2）设置事件超时:在"事件结构"的"超时端口"位置右击创建"常量",设置为"50",即超时时间为 50 ms。

（3）在前面板中添加事件源:从"控件"→"经典"→"布尔"子选板中选择两个"方形按钮"控件放置在前面板中,分别命名为"对话框"和"退出",并设置两个按钮的"机械动作"为"释放时触发"。

（4）编辑"超时事件分支":在事件结构体上右击,从弹出的快捷菜单中选择"编辑本分支所处理的事件"命令,弹出如图 4.79 所示的"编辑事件"对话框。

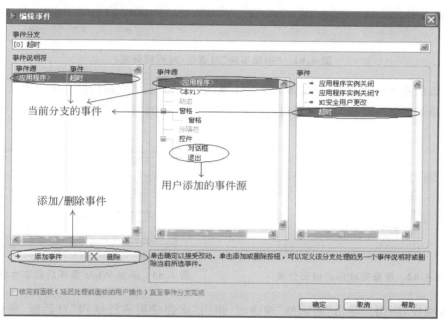

图 4.79　"编辑事件"对话框(超时分支)

（5）添加对话框分支:在事件结构上右击,从弹出的快捷菜单中选择"添加事件分支"命令,将弹出的对话框先关闭,在新产生的分支中,添加一个对话框控件("函数"→"编程"→"对话框与用户界面"子选板),创建一个名为"欢迎使用事件结构"的字符串,并将其与"对话框"控件相连,如图 4.80 所示。

（6）编辑对话框分支的事件源与事件:将步骤(3)中创建的布尔控件"对话框"拖放到此分支中,右击该事件结构,从弹出的快捷菜单中选择"编辑本分支所处理的事件"命令,按图 4.81 所

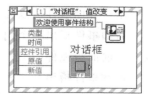

图 4.80　对话框显示内容

示进行配置。

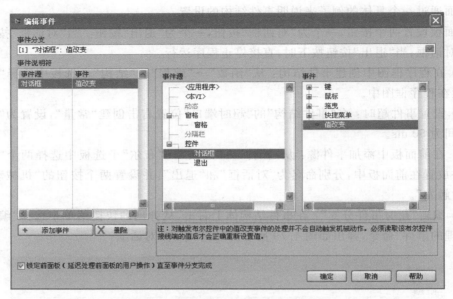

图 4.81　"编辑事件"对话框（对话框分支）

（7）添加退出分支并编辑，具体方法与步骤（6）类似。配置完成后的分支如图 4.82 所示。

（8）添加 While 循环，并将"退出"按钮与 While 循环的"循环条件"端口连接，如图 4.83 所示。

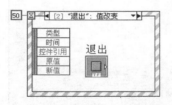

图 4.82　配置完成后的退出分支

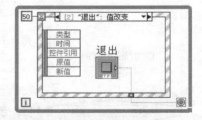

图 4.83　添加 While 循环后的事件分支

运行程序，当用户单击"对话框"按钮时，弹出"欢迎使用事件结构"对话框，单击"退出"按钮时，程序停止运行。

4.8.4　通知事件和过滤事件

用户界面事件可以分为通知事件和过滤事件。

通知事件指出某个用户动作已经发生，并且 LabVIEW 已经进行了处理。例如用户改变一个前面板控件的值是一个事件，如果作为一个通知事件，通知到达时这个值已经改变。

过滤事件指出某个用户动作已发生，但是可以在程序中制定如何处理这个事件。例如上述改变控件值事件如果作为过滤事件，就可以干预这个事件是否发生以及如何发生。

下面通过一个例子来说明通知事件和过滤事件的区别。

在前面板上放置一个布尔按钮（响应/不响应），一个输入控件（击键），并给它设置一个快捷键。在程序框图中放置一个 While 循环,在循环中放置事件结构,为事件结构增加两个数值型控件子程序,程序全部完成以后的前面板和 1 号子框图、2 号子框图如图 4.84(a)所示。

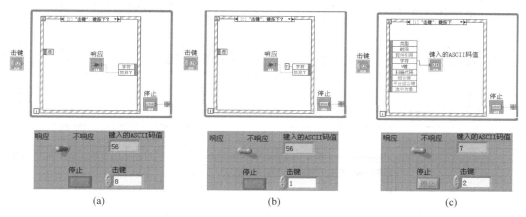

图 4.84　通知事件和过滤事件的区别

1 号子框图设置的事件源是"击键",即前面板的数值型控件,设置事件是"键按下",即按下键盘。在 1 号子框图中的事件数据端口弹出菜单,选择字符。为这个端口创建一个显示件,将显示件标签修改为"键入的 ASCII 值"。

2 号子框图设置的事件源和事件 1 号子框图相同,但是这里设置为过滤事件。设置过滤事件以后在 2 号子框图右边框上出现图 4.84(b)所示的事件过滤节点。通过弹出快捷菜单给这个节点选择了两个端口"字符"和"放弃?"。把拨动开关控件连线到"放弃"端口。开关拨到"响应"位置时,返回值为 False,即不放弃;开关拨到"不响应"位置时返回值为 Ture,即放弃对事件的响应。

运行程序,当"响应/不响应"开关拨到"响应"位置时,按下"左键"控件的快捷键。然后敲击键盘输入字符。从图 4.84(c)可以看到键入符号的 ASCII 值显示在前面板上。

把开关拨到"不响应"位置,可以看到敲击键盘输入 1 后,显示件"键入的 ASCII 码值"未改变,放弃了对事件的响应,如图 4.84(c)所示。

如果给事件过滤节点的"字符"参数接一个数据,会看到尽管开关在"响应"位置,也总是输出这个数据,而不是击键符号产生的事件数据,如图 4.84(c)所示。

4.8.5　事件结构举例

【例 4.23】　利用事件结构实现预防程序误退出。

在实际现场的监控程序中,非操作人员的误退出是十分常见的问题,应用程序的退出途径有 3 个:单击应用程序窗口右上角的关闭按钮;选择文件菜单的退出菜单项;单击工具栏中的停止按钮。为了解决误退出的问题,利用事件结构,首先要隐藏工具栏中的停止按钮,然后使单击窗口的关闭按钮和文件的退出菜单选项不起作用。

(1)从"函数"→"编程"→"结构"子选板中选择"While 循环"控件放置在程序框图中,在"结构"子选板中选择"事件结构"控件,放置在 While 循环内。

(2)窗口关闭按钮不起作用:在事件结构中通过鼠标右键添加事件分支,编辑分支属性时事件源选择"＜本 VI＞",事件选择鼠标的"前面板关闭"过滤事件,右击事件过滤节点

"放弃"创建一个常量，将默认值改为"真"，放弃该事件，如图 4.85(a)所示。

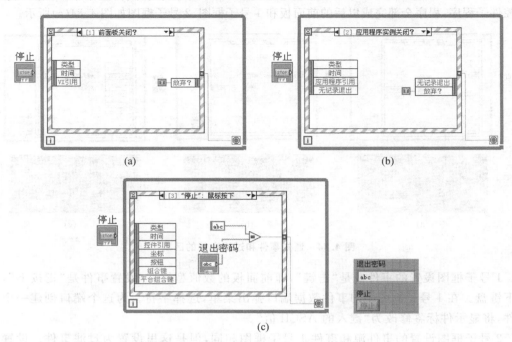

(a)　　　　　　　　　　　　　(b)

(c)

图 4.85　使用事件防止应用程序误退出

（3）菜单退出不起作用：在事件结构中再添加事件分支，编辑分支属性时事件源选择"<应用程序>"，事件选择"应用程序实例关闭"过滤事件，右击事件过滤节点"放弃"创建一个常量，将默认值改为"真"，放弃该事件，如图 4.85(b)所示。

（4）程序正常退出：在前面板中放置一个"停止按钮"控件和一个密码输入控件，要正常退出必须提供密码，方法为在事件结构中再次添加分支，事件源选择控件列表下的停止按钮，事件选择"鼠标按下"通知事件，如图 4.85(c)所示。

【例 4.24】　利用事件结构实现信号发生器。

将前面的信号发生器的例子利用事件结构编写。

程序中先用"仿真信号"对反馈节点初始化，然后等待前面板上的"频率"、"幅值"和"偏移量"三个关于信号特征量的控件值的变化，如果等待限定的时间（先定义为 1 ms）没有发现这个事件发生，则作为超时事件执行，继续输出反馈节点保存的信号值。只要关于信号特征的参数之一发生了变化，则响应 1 号子框图，调用"仿真信号"重新生成信号输出。前面板和程序框图如图 4.86 所示。

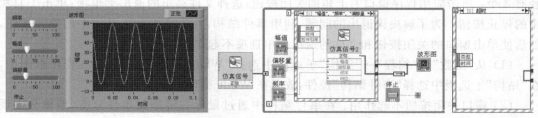

图 4.86　利用事件结构实现信号发生器

【例 4.25】 利用事件结构编写密码登录程序。

本例应用事件结构实现一个密码登录框,当用户输入的密码是"123456"时,弹出"密码正确登录成功"对话框,单击"确定"按钮后程序停止;如果密码错误,则弹出"密码错误请重新输入"对话框,单击"确定"按钮后程序继续运行。创建程序步骤如下。

(1)从"控件"→"新式"→"字符串与路径"子选板中选择"字符串输入控件"放置在前面板中,命名为"请输入密码",右击控件,从弹出的快捷菜单中选择"密码显示"命令,这样在输入字符时显示的是" * "。

(2)从"控件"→"新式"→"布尔"子选板中选择"确定按钮"控件作为"登录"事件的触发源,命名为"登录",右击取消标签显示(这样做的目的是使其在前面板上不显示标签,显得整齐,但在程序框图中显示标签,便于区分)。在布尔文本上双击鼠标右键,修改文本为"登录"。

(3)在程序框图中创建事件结构,按照前面的方法,修改触发源"登录"事件为"值改变"。

(4)从"函数"→"编程"→"比较"子选板中,选择"等于?"控件放置在登录事件分支中,一段连接"请输入密码",另一端创建一个字符串常量"123456"。

(5)在事件结构体外创建一个条件结构,条件选择端口,与步骤(4)中"等于?"输出端口连接,当输入的密码等于"123456"时,输出为"真";反之,则输出为"假"。

(6)从"函数"→"编程"→"对话框与用户界面"子选板中选择"单按钮对话框"控件,放置在"真"分支中,设置显示文本为"密码正确登录成功";在"假"分支中放置一个"单按钮对话框"控件,设置显示文本为"密码错误请重新输入"。

(7)创建一个 While 循环,循环条件输入端口与"真"条件分支的对话框输出端口连接,在"假"分支的数据通道上右击,从弹出的快捷菜单中选择"未连接时使用默认"命令。

运行程序,正确输入密码时弹出的对话框和错误输入密码时弹出的对话框如图 4.87 所示。

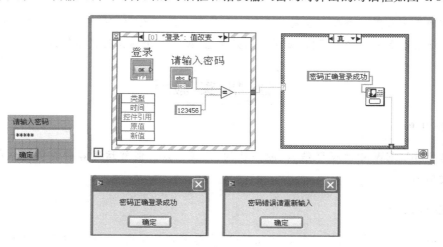

图 4.87 密码登录程序

本 章 小 结

本章介绍了 LabVIEW 2010 中的循环结构、条件结构、顺序结构、事件结构及公式节点。While 循环结构控制程序反复执行框内的程序,直到某个条件发生。

For 循环控制框内的程序段执行指定的次数,循环次数由连接到计数端口的值确定。

在 While 循环和 For 循环结构体边框上可建立多个移位寄存器,使用移位寄存器可在循环体的循环之间传递数据。

While 循环体内需放置控制循环时间控件,用以降低计算机的运行频率,可以保证循环重复时间间隔不少于指定的毫秒倍数。

条件结构是一种多分支程序控制结构,执行哪个分支由选择端子上的输入控制。条件选择端子上的数据类型值可以是布尔型,也可以是数字型、字符串型或枚举型。当一个布尔型或整型数据连接到条件结构的选择端子上时,LabVIEW 自动决定选择端子的数据类型。

当在一个分支条件创建了输出通道,必须为每一个条件定义输出通道。只有当所有分支都给输出通道提供输出数据时,通道将呈现出与提供数据类型一致的填充颜色。

使用顺序结构,可强制 VI 按特定的顺序执行程序。

在顺序结构边界上可创建顺序结构局部变量,利用顺序结构局部变量可实现帧和帧之间的数据传递。在顺序结构的输出通道仅能有一个局部变量,局部变量对所有的后续帧都有效,但在前面帧中无效。

运用公式节点可以直接把许多公式写入到节点框图中。当一个函数式有许多变量或者相当复杂时,公式节点很有用。注意,每个公式必须以分号结尾,且公式中变量区分大小写。

习　　题

在前面板上放置一个数字控制对象和一个数字显示对象,在 VI 中求输入数的平方根,如果输入是正值返回一个平方根值;如果输入是负值,弹出一个对话框提示输入了一个负值。

上机实验

实验目的

熟悉 LabVIEW 中的循环结构、顺序结构、公式节点。能够运用各种类型的结构完成基本程序的编写。

实验内容一

创建一个 VI 程序,连续以每 500 ms 一次的速率测量温度,如果温度高于或低于温度设定范围,告警灯点亮,同时驱动蜂鸣器报警,工作状态栏显示"过量限"信息;若检测温度在量程范围内,正常指示灯亮,同时工作状态栏显示"正常"信息。

实验步骤:

(1) 在程序框图中调用 Thermometer. vi:在程序框图中打开 Thermometer. vi 文件,将温度图标放置在程序框图中。

(2) 前面板控件放置:在"控件"→"新式"→"图形"子选板中选择"波形图表"放置在前

面板中,并将图例中的波形设置为三条曲线;在"控件"→"新式"→"数值"子选板中选择两个"数值输入控件"放置在前面板中,分别命名为"量程上限"和"量程下限";在"控件"→"新式"→"字符串与路径"子选板中选择"字符串显示控件"放置在前面板中,并命名为"工作状态";在"控件"→"经典"→"布尔"子选板中选择"垂直滑动杆开关"放置在前面板中,命名为"运行控制";在"控件"→"新式"→"布尔"子选板中选择两个"圆形指示灯"放置在前面板中,分别命名为"告警"和"正常"。

(3)在程序框图中放置控件:在"函数"→"编程"→"结构"子选板中,选择"While 循环"控件,放置在程序框图中,将与前面板中对应的所有控件都放置在 While 循环中;在"函数"→"编程"→"比较"子选板中,选择"判定范围并强制转换"控件,放置在程序框图中,将温度检测控件、量程上限和量程下限分别和"判定范围并强制转换"控件的输入端相连,将该判定控件的"范围内?"输出端与"正常"指示灯相连,选择"非"控件("函数"→"编程"→"布尔"子选板),将判定控件"范围内?"输出端通过"非"控件与"告警"指示灯相连。

(4)在程序框图中放置"创建数组"控件("函数"→"编程"→"数组"子选板),将量程上限、温度检测控件、量程下限三个控件整合成一个数组,将"创建数组"的输出与波形图相连。

(5)在程序框图中创建条件结构:在"函数"→"编程"→"结构"子选板中,选择"条件结构"控件放置在程序框图中的 While 循环结构体内,将判定控件的"范围内?"输出与条件结构的"选择器输入端"相连,通过判定温度的高低来决定条件结构的执行程序。在条件结构"真"分支中,添加一个"字符串常量"控件,设置为"正常",在"假"分支中添加"字符串常量"控件,设置为"超量限",将这两个字符串控件都通过条件结构的边框与前面板中对应的"工作状态"控件相连。

(6)设置系统的间隔时间和循环执行条件:在"函数"→"编程"→"定时"子选板中,选择"等待下一个整数倍毫秒"放置在程序框图中的 While 循环结构中,并通过鼠标右键创建"常量"设置为 500,即系统以 500 ms 为周期来执行。将 While 循环的判断条件端设置为"真时继续",并将"运行控制"布尔控件与其相连。

(7)在前面板中设定好温度的上下量程,将"运行控件"开关设置为"开"状态,运行程序,在前面板观察三条曲线的波形。前面板和程序框图如图 4.88 所示。

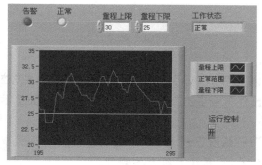
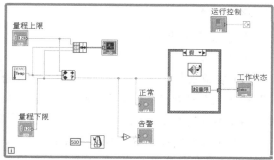

图 4.88 温度报警系统

实验内容二

使用 For Loop 和移位寄存器计算随机数列的最大值。

实验步骤：

（1）在前面板上放置数值输入控件和数值显示控件：在"控件"→Express→"数值输入控件"子选板中，选择"数值输入控件"控件放置在前面板中，命名为"循环次数"；在"控件"→Express→"数值显示控件"子选板中，选择"数值显示控件"控件放置在前面板中，命名为"最大值"。

（2）在程序框图中计算随机数的最大值：在"函数"→"编程"→"结构"子选板中，选择"For 循环"控件放置在程序框图中，在 For 循环结构边框上，右击选择"添加移位寄存器"，并在左端移位寄存器上右击创建"常量"，赋值"0.00"。在 For 循环结构体内部放置"0-1 随机数"控件（"函数"→"编程"→"数值"子选板）和"最大值与最小值"控件（"函数"→"编程"→"比较"子选板），按照图 4.89 所示连接各控件。

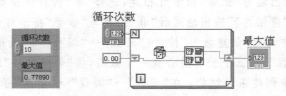

图 4.89　随机数最大值求取

（3）在前面板上先对 n 进行赋值，然后高亮运行程序，观察计算过程及结果，并命名该程序为"随机数最大值求取.vi"。

从本例可以看到，当循环次数为 10 时，最大值的结果很少接近 1；而设置循环次数为 10 000 时，最大值几乎总是接近于 1 的。

用同样的方法不难求出随机数的最小值。

实验内容三

使用公式节点创建 VI，完成下面公式计算，并将结果显示在同一个屏幕上。

y1=x^3-x^2+5
y2=m*x+b

此处，x 取值为 0～10。

实验步骤：

（1）在前面板上放置"x"、"m"、"b"数值输入控件和"y1"、"y2"数值显示控件：在"控件"→"新式"→"数值"子选板中选择"数值输入控件"，命名为"x"、"m"、"b"，选择"数值显示控件"，命名为"y1"、"y2"。

（2）在程序框图中放置公式节点：在"函数"→"编程"→"结构"子选板中，选择"公式节点"控件放置在程序框图中，在公式节点中输入公式，注意运算符号的规则。

（3）添加输入端口、输出端口：在公式节点左侧边框上右击，从弹出的快捷菜单中选择"添加输入"命令，命名为"x"、"m"、"b"，同理在公式节点右侧边框上创建"添加输出"，命名为"y1"、"y2"，将输入与数值输入控件"x"、"m"、"b"相连，输出与数值显示控件"y1"、"y2"相连（如图 4.90 所示）。

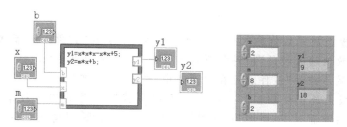

图 4.90 利用公式节点计算 y1,y2

实验内容四

构建 VI 每秒显示一个 0 到 1 之间的随机数,同时还要计算最后产生的 4 个随机数的平均值并在前面板显示出来。

实验步骤:

(1) 前面板控件选择:在"控件"→"新式"→"图形"子选板中,选择"波形图表"控件放置在前面板中,并命名为"随机曲线";在"控件"→"新式"→"布尔"子选板中,选择"停止按钮"控件放置在前面板中;在"控件"→"新式"→"数值"子选板中,选择"数值显示控件"放置在前面板中。

(2) 程序框图的控件选择:在"函数"→"编程"→"结构"子选板中,选择 While 循环结构放置在程序框图中,并在 While 循环边框上设置移位寄存器;选择两个随机函数控件放置在程序框图中。在"函数"→"编程"→"数值"子选板中,选择"复合运算"控件放置在程序框图中 While 循环体内,并通过鼠标拖拽设置为四输入控件,在其后放置"除"控件,并通过"捆绑"控件("函数"→"编程"→"簇、类与变体"子选板)将平均值与随机信号整合为一个数组,显示在前面板的"随机曲线"波形图表中,并将随机函数的数值送给前面板的"数值"显示控件显示当前随机数的大小。

(3) 设置循环周期:从"函数"→"编程"→"定时"子选板中,选择"等待"控件放置在程序框图中的 While 循环体内,并创建常量为"1000",即系统的循环周期为 1000 ms,即为 1 s。

(4) 按照图 4.91 所示连接各控件,运行程序,观察前面板中各控件的结果。

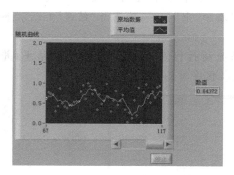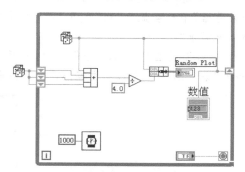

图 4.91 随机数显示及平均值计算

实验内容五

用条件结构实现加、减、乘、除四种不同的运算。

实验步骤：

(1) 在前面板上放置数值输入控件和数值显示控件：在"控件"→"新式"→"数值"子选板中，选择两个"数值输入控件"控件放置在前面板中，分别命名为"x"和"y"；在"数值"子选板中，选择"数值显示控件"控件放置在前面板中，命名为"结果"。

(2) 在前面板上放置枚举控件：在"控件"→"新式"→"下拉表与枚举"子选板中，选择"枚举"控件放置在前面板中，命名为"运算"，右击"运算"控件，从弹出的快捷菜单中选择"属性"命令，在弹出的属性对话框中选择"编辑项"选项卡设置枚举值，如图 4.92 所示。

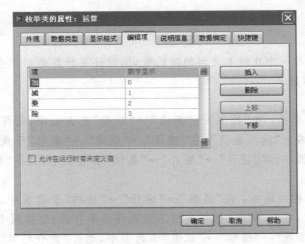

图 4.92 枚举控制属性对话框

(3) 在程序框图中创建条件结构：在"函数"→"编程"→"结构"子选板中，选择"条件结构"控件放置在程序框图中，将"运算"控件连接到条件控件的条件输入端，此时第一个分支"加"即成为了"默认分支"。从"函数"→"编程"→"数值"子选板中选择"加"控件放置在默认分支内，输入端口分别于"x"、"y"连接，输出与"结果"相连。

(4) 单击条件选择器两侧的黑色箭头，切换到第 2 分支，添加"减"运算，输出与"结果"相连。在条件结构体边框上右击，从弹出的快捷菜单中选择"在后面添加分支"命令，此时"选择条件器"中自动显示"乘"运算，在此分支中添加"乘"控件，输出与"结果"相连。参照上述方法，再添加"除"运算分支。

(5) 在前面板上先对 x、y 进行赋值，然后高亮运行程序，观察计算过程及结果，并命名该程序为"条件结构实现四则运算.vi"。前面板和程序框图如图 4.93 所示。

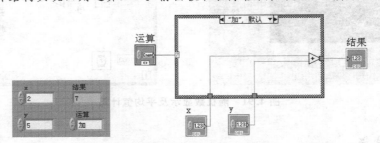

图 4.93 条件结构实现四则运算

第 5 章

LabVIEW 图形和图表

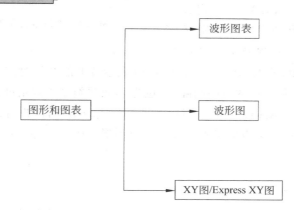

◇ 重点掌握 Chart 多种显示模式及其属性的静态设置。

◇ 了解创建多波形 Chart。

◇ 重点掌握波形图(Graph)图形显示特性。

◇ 通过实例学习掌握 Graph 数据类型组织方法。

用图形方式显示测量数据或分析结果是 LabVIEW 的一大特色，LabVIEW 提供了多种图形显示功能的控件，可使虚拟仪器前面板设计的更加形象、直观。本章介绍的各种波形显示控件就是 LabVIEW 程序设计中最常用的前面板对象之一，也是 LabVIEW 使用比较灵活、功能比较完善、特色较突出的选板。

按照处理测量数据的方式和显示过程的不同，LabVIEW 波形显示控件主要分为两大类：一类称为实时趋势图(Chart)或实时趋势波形控件；另一类为事后记录图(Graph)或事后记录波形控件。这两类控件都是用来对波形或图形进行显示的，它们的区别在于两者数据组织方式及波形的刷新方式不同。一般来说，Chart 是将数据源(例如采集到的数据)在某一坐标系中实时、逐点地显示出来，它可以反映被测物理量的变化趋势，例如显示一个实时变化的波形或曲线，类似于传统的模拟示波器、波形记录仪，故 Chart 可以被称为实时趋势图。而 Graph 则是对已采集数据进行事后处理并将结果显示出来。它先将被采集数据存放在一个数组之中,然后根据需要,组织成所需图形显示出来。它的缺点是没有实时显示,优点是它的表现形式要丰富得多。例如采集了一个波形后,经处理可以显示出其频谱图,所以 Graph 称为事后记录图。

LabVIEW 的图形子选板中有许多可供选用的控件,其中常用的如图 5.1 所示。图形子选板位于"控件"→"新式"模块中。

图 5.1　图形控件子选板

1. 波形数据

为了方便地显示波形,LabVIEW 专门定义了波形数据类型,它实际是按照一定格式预定义的簇,在信号采集、处理和分析中经常用到。波形数据主要包括 4 方面内容:t0、dt、Y 和 attributes。其中 t0 表示波形的开始时间,数据类型为 Time Stamp;dt 表示波形相邻数据点的时间间隔,单位为 s,数据类型为双精度浮点型;Y 表示数据数组,默认为双精度浮点型;attributes 用于携带一些注释信息,用户可以自定义,数据类型为变量类型。当然,并不是只有波形数据才能通过图形和图表控件显示,其他数据也可以通过它们来显示。

2. 趋势图与事后记录图

趋势图可以将新数据添加到曲线的尾端,从而反映实时数据的变化趋势,主要用于显示实时曲线,如波形图表、强度图表等;事后记录图在画图之前会自动清空当前图表,然后把输入的数据画成曲线,如波形图、XY 图等。

3. 坐标图

波形图与波形图表是显示均匀采样波形的理想方式,而坐标图则是显示非均匀采样波形的较好选择。坐标图就是通常意义上的笛卡儿图,可以用于绘制多值函数曲线,如圆和椭圆等,通过 XY 图和 Express XY 图可以轻松绘制坐标图。

5.1　实时趋势图(波形图表)

5.1.1　波形图表(Waveform Chart)概述

波形图前面板如图 5.2 所示,一个实时趋势图控件主要包含四个基本元素:横纵坐标轴、图形显示区、控制标签和图例。具体说明如下:

(1) 横纵坐标轴:在默认条件下,横轴(X 轴)的初始值为 0,每步的步长为 1,最大刻度方位则根据所需要显示数组的长度自行调整;而纵轴(Y 轴)的刻度则需要根据数组中最大与最小范围来自动设定,也可由用户自行设定横纵坐标轴的刻度范围。

(2) 图形显示区:显示待绘图形。可根据需要设置网格线。

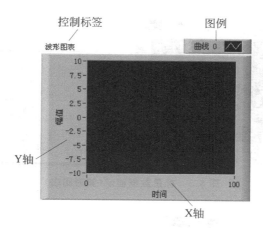

图 5.2 波形图表控件

（3）控制标签：在实时趋势图控件左上角的标签可以通过相应的标注工具来定义，用于给波形显示控件命名。

（4）图例：通过图例，用户可以定义波形曲线的各种属性，包括波形的名称、样式、颜色等。多条波形曲线同时显示的情况下，通过设置波形曲线的不同属性，可以非常直观地区分不同信号的波形。

5.1.2 波形图表的简单操作举例

【例 5.1】 标量数据显示。

对于标量数据，波形图表直接将数据添加在曲线尾端，逐点显示。按如下步骤创建程序。

（1）切换到前面板，在“控件”→“新式”→“图形”子选板中选择波形图表，放置在前面板上，修改标签名称为“标量数据—波形图表”。

（2）切换到程序框图，在“函数”→“编程”→“结构”子选板中选择 For 循环，设置循环次数为 360。

（3）在“函数”→“数字”→“初等与特殊函数”→“三角函数”子选板中选择“正弦”，放置到循环中。

（4）用 For 循环的 i 乘以 π 除以 180 后作为“正弦”的输入（化成弧度后作为输入，“正弦”的输出波形更光滑），“正弦”的输出接“标量数据—波形图表”。

（5）在“函数”→“编程”→“定时”子选块中选择“等待（ms）”放置在 For 循环体中，输入为 10，表示程序每隔 10 ms 循环一次，这样是为了更加明显地展示波形图表显示标量数据的过程。

运行程序，显示结果与程序框图如图 5.3 所示。

【例 5.2】 一维数组数据显示。

对于一维数组数据，波形图表将它一次性添加到曲线的末端，也就是说曲线每次向前推进的点数为数据的点数。参照例 5.1 的步骤创建程序，不同之处在于“一维数组—波形图表”要放置在循环体外。程序运行结果和程序框图如图 5.4 所示。

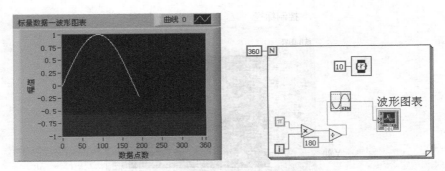

图 5.3　标量数据显示（波形图表）

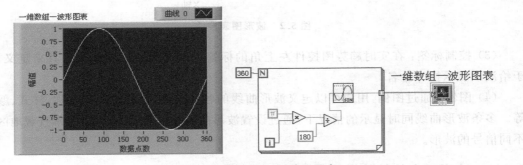

图 5.4　一维数组显示（波形图表）

【例 5.3】　多曲线数据显示。

对于波形图表，用簇里的"捆绑"函数就可以实现在一个波形图表中显示多条数据曲线。按下列步骤创建程序。

（1）切换到前面板，在"控件"→"新式"→"图形"子选板中选择波形图表放置在前面板上，修改标签名称为"多曲线—波形图表"。

（2）切换到程序框图，在"函数"→"编程"→"结构"子选板中选择 For 循环，设置循环次数为 30。

（3）在"函数"→"数学"→"初等与特殊函数"→"三角函数"子选板中选择"正弦"放置到循环中，输入端口与 For 循环的 i 相连，输出端口分别"加 5"和"减 5"。

（4）在"函数"→"编程"→"簇、类与变体"子选板中选择"捆绑"，拉伸成 3 个输入端口，将这 3 个输入端口分别与"正弦"模块、加模块、减模块的输出端相连接，创建成的簇数组输出与"多曲线—波形图表"连接。

（5）在"函数"→"编程"→"定时"子选板中选择"等待（ms）"放置在 For 循环体中，输入为 100，表示程序每隔 100 ms 循环一次，这样是为了更加明显地展示波形图表显示数据的过程。

运行程序，显示结果与程序框图如图 5.5 所示。

【例 5.4】　二维数据显示。

对于二维数组，波形图表默认情况下将其转置，即每一列作为一条曲线来显示。按下列步骤创建程序。

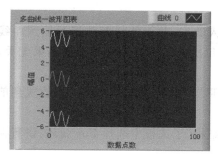
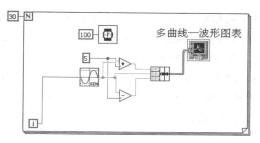

图 5.5　多曲线标量数据显示(波形图表)

(1) 切换到前面板,在"控件"→"新式"→"图形"子选板中选择波形图表放置在前面板上,修改标签名称为"二维数组—波形图表"。

(2) 切换到程序框图,在"函数"→"编程"→"结构"子选板中选择 For 循环,设置循环次数为 30。

(3) 在"函数"→"数学"→"初等与特殊函数"→"三角函数"子选板中选择"正弦"放置到循环中,输入端口与 For 循环的 i 相连,输出值除 2(此步操作和步骤(4)中的 i 相加的目的是为了使波形分开显示而不重叠)。

(4) 在 For 循环体中再建立一个 For 循环,循环次数为 3,将正弦值与内层 For 循环的 i 相加(禁用此处 For 循环的输入自动索引隧道),再将它经过两层 For 循环的自动索引隧道输出,形成二维数组,与"二维数据—波形图表"连接。

(5) 在外层 For 循环的输出自动索引隧道处右击,从弹出的快捷菜单中选择"创建"→"显示控件"命令,修改标签名称为"数组"。

运行程序,显示结果与程序框图如图 5.6 所示。图中所示为一个 30 行 3 列的数组。在波形显示时,每一列作为一条曲线进行显示,程序每运行一次,波形图表的每条波形数据增加 30 个点。

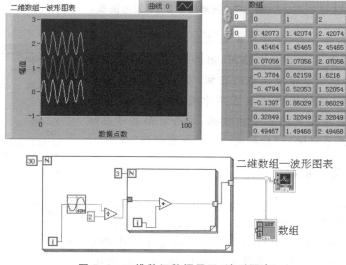

图 5.6　二维数组数据显示(波形图表)

【例 5.5】 波形数据显示。

对于波形数据,波形图表只能显示当前的输入数据,并不能将新数据添加到曲线的尾端,这是因为波形数据包含了横坐标的数据,因此每次画出的数据都与上次结果无关,等价于图表。按如下步骤创建程序。

(1) 切换到前面板,在"控件"→"新式"→"图形"子选板中选择波形图表放置到前面板上,修改标签名称为"波形数据—波形图表"。

(2) 切换到程序框图,在"函数"→"编程"→"结构"子选板中选择 For 循环,设置循环次数为 30。

(3) 在"函数"→"数学"→"初等与特殊函数"→"三角函数"子选板中选择"正弦"放置到循环中,输入端口与 For 循环的 i 相连。

(4) 在"函数"→"编程"→"波形"子选板中选择"创建波形",拉伸成 3 个输入,分别选择"Y"、"dt"、"t0",将 Y 与"正弦"的输出端口相连,dt 设置成 10,在"函数"→"编程"→"定时"子选板中选择"获取时期/时间(s)",与 t0 相连。

(5) 将"创建波形"的输出与"波形数据—波形图表"连接。

运行程序,显示结果和程序框图如图 5.7 所示。在本程序中,用"创建波形"函数来创建一个正弦函数的波形数据,用"获取时期/时间"函数获取系统的当前时间,作为波形数据的起始时间。

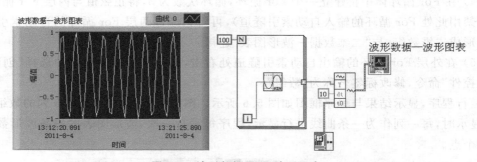

图 5.7   波形数据显示(波形图表)

注:当 VI 运行停止后,缓冲区中的数据并没有清除,对于用波形图表来显示其他类型的数据时,因为旧数据的存在,可能会引起混淆。若想清除缓冲区中的数据,可以通过右击波形图表的波形显示区,从弹出的快捷菜单中选择"数据操作"→"清除图表"命令;若想复制图表中的数据,右击波形显示区域后,从弹出的快捷菜单中选择"数据操作"→"复制数据"命令。

5.1.3   波形图表的定制

右击波形图表的显示区域,将弹出如图 5.8 所示的快捷菜单。其中,与流程图设计有关的选项是查找接线端和创建,其余的选项都是与前面板的设计有关的。若将显示项中的所有内容全部显示,则波形图表及其对象功能如图 5.9 所示。下面介绍菜单中各项参数的功能。

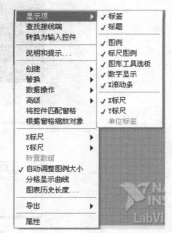

图 5.8   波形图表快捷菜单

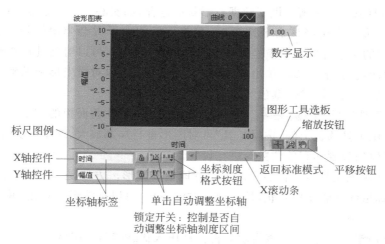

图 5.9　波形图表各项参数功能

1. 显示项

当选择显示项命令选项时,将弹出子菜单,如图 5.8 所示。与前面板设计有关的命令选项功能如下:

(1) 标签和标题:这两个命令选项用于控制文字说明标签。

(2) 图例:当选择该选项后,在前面板的右上方会弹出对话框" 曲线 0 ⌇ "。可以用工具选板上的"选择工具"扩展该选项至曲线 n,表示在一个坐标图中可以同时显示 n+1 个波形曲线。用工具选板上的"选择工具"单击该对话框的曲线区域,将弹出如图 5.10 所示的下一级对话框,用户在此可以对图形线条的颜色、样式、宽度等项属性进行修改。

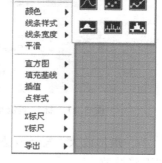

图 5.10　图例菜单

① 常用曲线:用于确定波形曲线的样式。系统提供了数据点光滑曲线拟合、数据点直接连接和填充模式等六种常见的曲线样式供用户选择,每种样式的线型、线宽都是预先设置的。默认为光滑曲线。

② 颜色:选取曲线所需的颜色。

③ 线条样式:该命令选项提供曲线的线型。

④ 线条宽度:选择曲线连接的线宽。

⑤ 平滑:在目标中填充一些小的细纹,可以使所绘曲线更加光滑,使用该命令选项会增加计算时间,降低绘图速度。(在波形图控件中,该命令不可用。)

⑥ 直方图:可选择多种直方图的绘制方式,包括水平直方图和垂直直方图等。

⑦ 填充基线:可以选择填充基线。填充时,填充基线是从波形开始向某个水平基线垂直填充。填充基线有四种选择:无、零、无穷大和负无穷大。

⑧ 插值:用于选择数据点之间的连线方式,用户可以选择不连线,即只显示散布的数据点,也可以选择仅以简单的直线或折线相连。

⑨ 数据点样式：该选项提供了数据点形状的选择，如实心、空心、原点、方点等。

（3）标尺图例：当选择该命令选项后，在前面板的左下方会弹出标尺图例的对话框。其中，文本框中的文字分别表示横坐标和纵坐标的名称，用户可以对其进行修改。单击该对话框右方的图标，会有下一级菜单出现，如图 5.11 所示，可以对横坐标和纵坐标上表示刻度的数值的表示形式、有效位数、颜色等各项属性进行修改。

（4）图形工具选板 ：当选择该命令选项后，在前面板的右下方会弹出选板图形对话框。使用工具选板上的"选择工具"可对图形进行局部放大、缩小，也可以对坐标的制式以及其分度值的数制和有效位数等进行设置。

① ：使用该工具可以在显示区内随意地拖放波形。方法是，单击它，并把鼠标移到显示区内，鼠标指针将会变成手状，按住鼠标左键不放，可以把波形"粘"住，并且在显示区内自由移动。

② ：当 工具有效时，该指示器将会从压入状态转为弹起状态。

③ ：波形缩放工具，可以实现波形的各种缩放功能。当单击它时，可弹出波形缩放形式对话框。波形缩放共有 6 种模式，如图 5.12 所示。对于第一排中的放大方式，只需选中该放大方式后，在图形区域拉动光标就能实现，用 Ctrl＋Z 组合键可以撤销上一步操作，选中手形标志后可以随意地在显示区域拖动图形。

图 5.11　标尺图例菜单

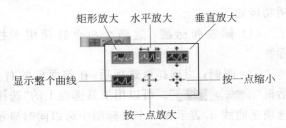

图 5.12　图形工具选板

a. 矩形放大：选择该选项后，在显示区上按住鼠标左键拉出一个矩形方框，方框内的波形将被放大。

b. 水平放大：选择该项后，波形只能在水平方向被放大，垂直方向上保持不变。

c. 垂直放大：选择该项后，波形只能在垂直方向被放大，水平方向上保持不变。

d. 按一点放大/缩小：选择该项后，在显示区上按住鼠标左键，波形将以鼠标指针停留的位置为中心进行缩放，该功能可以连续单击实现鼠标指针为中心的缩放。

（5）数字显示：当选择该命令选项后，在前面板的左前方将弹出数字显示或数字指示器。该指示器直观地显示了最新显示的一个数据的大小。如果显示有多个波形，则每个波形都可以有一个数字指示器与之相对应。

（6）X 滚动条：当这个命令选项有效时，会在前面板的下方出现一个滚动条，可以用该滚动条来查看数据缓冲区内前后任何位置的一段数据波形。

（7）X 轴和 Y 轴：这两个命令选项决定是否显示或者隐藏 X 轴和 Y 轴。

2. 转换为输入控件

该命令选项的作用是转换控件的功能。如果调入的控件是输出显示控件，但是在设计当中又需要作为参数输入控件时,选中该控件,再单击该命令选项,则该控件即可转换为输入显示控件。

3. 说明和提示

当选择该选项后,会弹出如图 5.13 所示的"说明和提示"对话框。这个对话框用于对控件进行描述。用户在对话框中可以说明这个控件的用途。使用时,当移动光标到该控件上时,对该控件的描述会出现在内容说明窗口中,并保存在所产生的 VI 文档中。

4. 替换

单击替换命令选项,则会弹出一个子选板,子选板中的控件可以用来代替目前放在前面板上的控件。

5. 数据操作

单击菜单数据操作,会弹出如图 5.14 所示的子菜单。

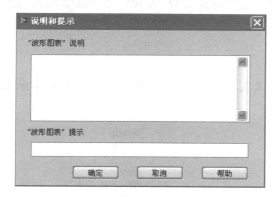

图 5.13　波形图表说明和提示对话框

图 5.14　数据操作菜单

（1）重新初始化为默认值：重新初始化控件数值到默认值。

（2）当前值设置为默认值：将当前控件的数值设为默认值。

（3）复制数据：实现对数据的剪切、复制和粘贴等操作。

（4）清除图表：当一个波形显示控件输出的程序停止后,波形显示控件最后一次显示的波形将停留在显示区内。在开始一次新的测量显示前,通常需要清除上一次的显示。该命令选项就可以提供以上功能。单击该命令选项后,则可以清除掉当前图形上的波形,另外,用户也可以在程序中给控件送一个空的数组来清除。

6. 高级

此为高级命令选项,可以扩展一些功能,使其对控件的操作更加方便,能够适合不同的需求。当选择该命令选项时,会弹出如图 5.15 所示的下一级菜单。

（1）快捷键：单击该选项,可以设置键盘快捷方式。

图 5.15　高级命令菜单

（2）同步显示：选择该选项后，所绘图形将会和数据同步显示。

（3）隐藏显示控件：选择该选项后，指示器将会被隐藏。

（4）启用状态：对属性的声明，该选项的子菜单中有三个子选项，分别为启用、禁用和禁用并变灰。

（5）刷新模式：波形刷新模式，该选择提供了三种刷新方式，如图5.16所示。

波形图表的刷新模式有以下3种。

① 带状图表：类似于纸带图表记录仪。波形曲线从左到右连续绘制，当新的数据点到达右部边界时，先前的数据点逐次左移，而最新的数据会添加到最右边。

② 示波器图表：类似于示波器。波形曲线从左到右连续绘制，当新的数据点到达右部边界时，清屏刷新，然后从左边开始新的绘制。

③ 扫描图：与示波器模式类似，不同之处在于当新的数据点到达右部边界时，不清屏，而是在最左边出现一条垂直扫描线，以它为分界线，将原有曲线逐点右推，同时在左边画出新的数据点。

示波器模式及扫描式图表比带状式图表运行速度要快，因为它无须像带状式图表那样处理屏幕数据滚动而另外开销时间。

7. X 标尺和 Y 标尺

X 标尺和 Y 标尺的功能类似，下面以 X 标尺为例进行说明。当用户选择 X 标尺选项时，会弹出如图5.17所示的子菜单。

图 5.16　刷新模式　　　　　　　　图 5.17　标尺菜单

（1）刻度间隔：在默认情况下，波形显示控件中 X 轴的刻度是根据数组中的数据长度自动变化的，显示区内的网格线的位置也是固定的。如果需要详细地了解所显示波形中某些点上的具体变化情况，那么可以通过这个选项任意地设置 X 轴的刻度，使网格恰好落在这些点上。具体操作步骤如下：

① 任意。此时波形显示控件前面板上的 X 轴除了第一个点和最后一个点有刻度外，其余点处都无刻度。

② 均匀。此时波形显示控件前面板上 X 轴上的刻度将会均匀地显示。

（2）添加刻度：添加 X 轴坐标上的刻度。

（3）删除刻度：删除 X 轴坐标上的刻度。

（4）格式化：如果选择该选项，就会弹出一个波形图表的属性设置对话框，其中包括显示格式和标尺选项卡,如图 5.18 所示,利用这两个选项卡可以设置 X 轴刻度的各种属性。

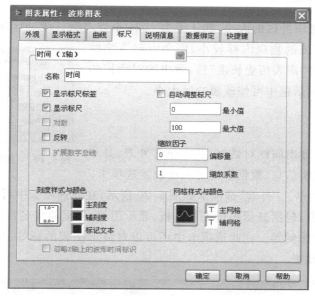

图 5.18　波形图表设置对话框

(5)映射:用于选择刻度值递增的方法。一种是线性递增,这是默认设置;另外一种是对数递增,当输入信号的单位是分贝时,选择这种递增方式更符合习惯,如电信号的频谱图等。

(6)自动调整标尺:根据所需显示的数据对 X 轴自动标注刻度。波形显示控件在显示时,如果自动调整标尺项有效(默认设置),则 X 轴的刻度就会根据数组中的数据长度自动调整,以容纳整个波形的数据;如果该选项无效,那么可以利用标注工具改变 X 轴的起始刻度,以终止刻度来改变 X 轴的刻度宽度。

(7)显示标尺标签:如果选择该选项,则关于 X 轴的标签将会被隐藏。

8. 转置数组

在绘图之前对数值进行转换,如 X 轴的值和 Y 轴的值互换。

9. 自动调整图例大小

选中该命令选项,系统自动设定图层中图形的大小。

10. 分格显示曲线

多层图默认设置下,波形图表控件将在相同的纵坐标下显示多条波形曲线。如果这些测量信号的大小范围相差比较大,或者显示的量纲不同,那么在相同纵坐标下就可能出现信号显示不匹配的情况。针对这种情况,波形图表控件专门提供了多层图选项,允许不同信号在不同的纵坐标设置下进行显示。如果该选项有效,则每个波形的 Y 轴值都可以单独地进行设置,但 X 轴的设置是共用的。

11. 图表历史长度

该选项用于设置缓冲区的大小,默认值为 1024 个浮点数。缓冲区越大,保留的历史数据就越多,但如果系统的物理内存较小,则会引起系统性能的下降。单击选择"图表历史长度"后,弹出的对话框如图 5.19 所示,在此对话框中可修改缓冲区大小。

12. 属性

单击该选项,会弹出属性对话框,其中包含外观、显示格式、曲线、标尺、说明信息、数据绑定等属性设置选项卡。

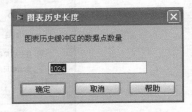

图 5.19 "图表历史长度"对话框

(1)"外观"选项卡。"外观"选项卡如图 5.20 所示,在此选项卡中可以设置波形图表的外观需要显示的内容,包括显示图形工具选板、显示图例、根据曲线名自动调节大小、显示水平滚动条、显示标尺图例等。在此选项卡中还可以对波形图表的标签、标题、尺寸大小和刷新模式等内容进行设置。

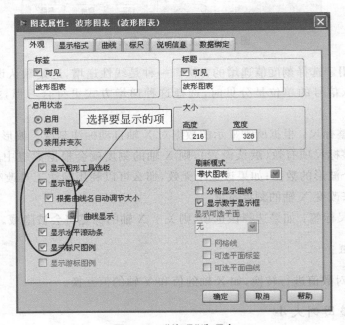

图 5.20 "外观"选项卡

(2)"显示格式"选项卡。"显示格式"选项卡如图 5.21 所示,在此选项卡中可以分别对波形图表的 X 轴和 Y 轴的数据类型、数据所显示的位数、数据的精度类型等进行设置。

(3)"曲线"选项卡。"曲线"选项卡如图 5.22 所示,在此选项卡中可以分别对波形图表中的各个曲线进行曲线名称的修改,以及曲线线型、曲线粗细、曲线的样式及颜色等的设置。

图 5.21 "显示格式"选项卡

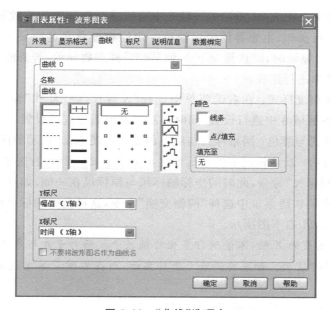

图 5.22 "曲线"选项卡

（4）"标尺"选项卡。"标尺"选项卡如图 5.23 所示，在此选项卡中可以完成自动调整坐标轴、坐标轴缩放、坐标轴刻度样式的选择、网格样式与颜色、多坐标轴显示等功能。

① 自动调整坐标轴：如果想让 Y 坐标轴的显示方位随输入数据变化，可以右击波形图表控件，在弹出的快捷菜单中选择"Y 标尺"→"自动调整 Y 标尺"命令。若取消选中"自动调整标尺"复选框，则可任意指定 Y 轴的显示范围，对于 X 轴的操作与之类似。这个操作也可以在属性对话框的"标尺"选项卡中完成。

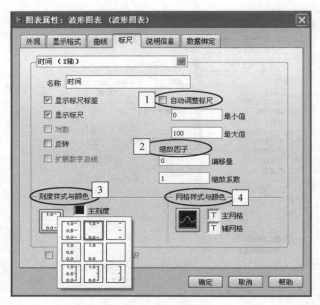

图 5.23 "标尺"选项卡

② 坐标轴缩放：在图 5.23 所示的区域 2 中可以进行坐标轴的缩放设置。坐标轴的缩放一般是对 X 轴进行操作，主要是使坐标轴按一定的物理意义进行显示。例如，对用采集卡采集到的数据进行显示时，默认情况下 X 轴是按采样点数显示，若要使 X 轴按时间显示，就要使 X 轴按采样率进行缩放。

③ 设置坐标轴刻度样式：在右键菜单中选择"X 标尺"→"样式"命令进行选择。也可以在图 5.23 所示的区域 3 中进行设置，同时可对刻度的颜色进行设置。

④ 设置网格样式与颜色：网格样式与颜色的设置在图 5.23 所示的区域 3 中进行设置。

⑤ 多坐标轴显示：默认情况下的坐标轴显示如图 5.24 所示，右击坐标轴，在弹出的快捷菜单中选择"复制标尺"命令，此时的坐标轴标尺与原标尺在一侧，如图 5.24 右上图所示。再右击标尺，在弹出的快捷菜单中选择"两侧交换"命令，这样坐标轴标尺就对称地显示在图表的两侧了，如图 5.24 右下图所示。

注：对于波形图表的 X 轴，不能进行多坐标轴显示。而对于波形来说，则可以按上述步骤实现 X 轴的多坐标显示。如果要删除多坐标显示，则在右键菜单中选择"删除标尺"命令即可。

【例 5.6】 用 3 种不同的刷新模式显示波形曲线。

（1）切换到前面板，在"控件"→"新式"→"图形"子选板中选择 3 个波形图表，放置在前面板上，修改标签名称为"带状图表"、"扫描图"、"示波器图表"。

（2）在"带状图表"上右击，从弹出的快捷菜单中选择"高级"→"刷新模式"→"带状图表"命令，将它设置成带状图表的显示模式。用相同方法分别设置其他两个控件的显示方式。

（3）在"函数"→"信号处理"→"信号生成"子选板中选择"正弦信号"放置在程序框图中，用它来产生正弦信号。

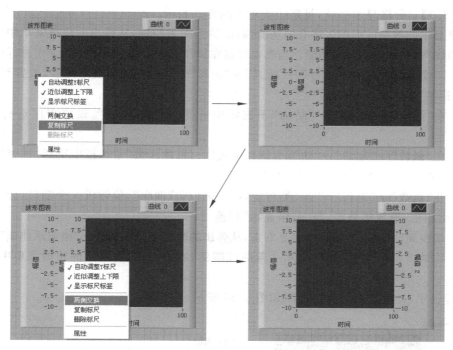

图 5.24 多坐标轴显示

（4）从"函数"→"编程"→"结构"子选板中选择"While 循环"，将程序框图上的对象包围在循环体内，设置程序运行间隔为 100 ms。

运行程序，分别用带状图表模式、扫描图模式、示波器图表模式来显示正弦波，效果和程序框图如图 5.25 所示。

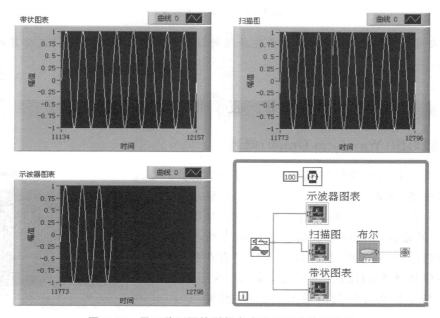

图 5.25 用三种不同的刷新方式显示正弦信号波形

【例 5.7】 分格显示曲线,每条曲线用不同样式表示。

分格显示曲线是波形图表特有的功能,右击波形图表控件,从弹出的快捷菜单中选择"分格显示曲线"命令即可实现此功能。当然也可以在属性对话框的"外观"选项卡中进行设置。

(1) 切换到前面板,在"控件"→"新式"→"图形"子选板中选择波形图表,放置到前面板上,修改标签名称为"分格显示"。

(2) 在"函数"→"编程"→"结构"子选板中选择"While 循环",设置程序运行间隔为 100 ms。

(3) 在"函数"→"数学"→"初等与特殊函数"→"三角函数"子选板中选择"正弦"放置到循环体中,将输入与 While 循环的 i 相连。

(4) 在"函数"→"编程"→"簇、类与变体"子选板中"捆绑",拉伸成 3 个端口,分别与"正弦"的输出相连,形成簇数组,与"分格显示"相连。

(5) 切换到前面板,在波形图表上右击,从弹出的快捷菜单中选择"分格显示曲线"命令。

(6) 拉伸波形图表的图例,显示 3 条曲线图例,右击图例,在弹出的快捷菜单中设置曲线的样式。

运行程序,显示效果与程序框图如图 5.26 所示。

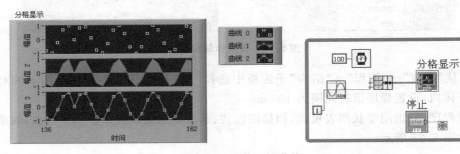

图 5.26 分格显示曲线

注: 在设置分格显示曲线时,需要在属性对话框的"外观"选项卡中指定要显示的曲线数目。

5.2 波 形 图

5.2.1 波形图(Waveform Graph)概述

波形图为事后记录波形的控件,和前一节所介绍的波形图表(实时趋势图)一样,它也可以显示一个或者多个波形,其前面板如图 5.27 所示。从图中可以看出,波形图与波形图表的前面板是有所不同的。实时趋势图(波形图表)控件的 X 轴只有在起始和结束的位置才有刻度,而事后记录波形(波形图)控件的 X 轴根据实际情况的最大值要求,刻度均匀地分布。

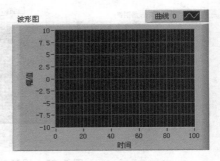

图 5.27 波形图前面板

对于波形图表控件来说,它把新的数据连续扩展在已有数据的后面,波形是连续向前推进显示的,这种显示方法使用户可以很清楚地观察到数据的变化过程;对于波形图控件来说,它通常把需要显示的数据先收集到一个数组中,然后再把这组数据一次性在控件中显示。

波形图表控件适用于实时测量中的参数监控,而波形图控件适用于事后数据的分析。

5.2.2 波形图的简单操作举例

【例 5.8】 标量数据显示。

对于标量数据,波形图不能逐点显示数据,只能输入一维数组。按如下步骤创建程序。

(1)切换到前面板,在“控件”→“新式”→“图形”子选板中选择波形图,放置在前面板中,修改标签名称为“标量数据—波形图”。

(2)切换到程序框图,在“函数”→“编程”→“结构”子选板中选择 For 循环,设置循环次数为 360。

(3)在“函数”→“数字”→“初等与特殊函数”→“三角函数”子选板中选择“正弦”,放置到循环中。

(4)用 For 循环的 i 乘以 π 除以 180 后作为“正弦”的输入(化成弧度后作为输入,“正弦”的输出波形更光滑),“正弦”的输出经过 For 循环自动索引隧道后连接“标量数据—波形图”。

运行程序,显示结果与程序框图如图 5.28 所示。

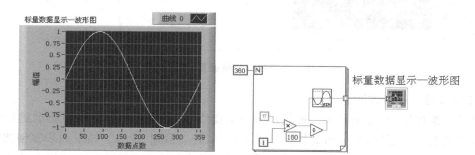

图 5.28 标量数据显示(波形图)

【例 5.9】 一维数组数据显示。

对于一维数组数据,波形图将它一次性添加到曲线的末端,也就是说曲线每次向前推进的点数为数据的点数。参照例 5.8 的步骤创建程序。程序运行结果和程序框图如图 5.29 所示。

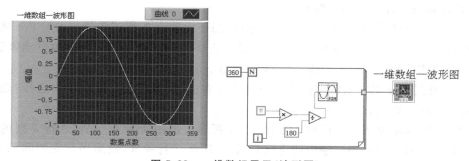

图 5.29 一维数组显示(波形图)

【例5.10】 多曲线数据显示。

对于波形图,用数组里的"创建数组"函数可以实现在一个波形图中显示多条数据曲线。按下列步骤创建程序。

(1) 切换到前面板,在"控件"→"新式"→"图形"子选板中选择波形图放置在前面板上,修改标签名称为"多曲线—波形图"。

(2) 切换到程序框图,在"函数"→"编程"→"结构"子选板中选择 For 循环,设置循环次数为30。

(3) 在"函数"→"数学"→"初等与特殊函数"→"三角函数"子选板中选择"正弦"放置到循环中,输入端口与 For 循环的 i 相连,输出端口分别"加5"和"减5"。

(4) 在"函数"→"编程"→"数组"子选板中选择"创建数组",拉伸成3个输入端口,输入端口与"正弦"的输出和加/减5后的值相连,输出连接"多曲线—波形图"。

运行程序,显示结果与程序框图如图5.30所示。

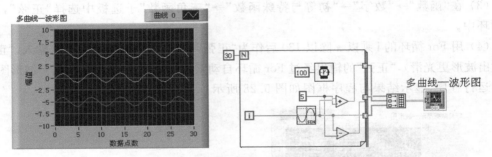

图 5.30 多曲线标量数据显示(波形图)

【例5.11】 二维数据显示。

对于二维数组,波形图默认是将其作为一条曲线显示,需要用户手动对数据进行转置,具体方法为右击波形图,从弹出的快捷菜单中选择"转置数组"命令。按下列步骤创建程序。

(1) 切换到前面板,在"控件"→"新式"→"图形"子选板中选择波形图放置在前面板上,修改标签名称为"二维数组—波形图"。

(2) 切换到程序框图,在"函数"→ "编程"→"结构"子选板中选择 For 循环,设置循环次数为30。

(3) 在"函数"→"数学"→"初等与特殊函数"→"三角函数"子选板中选择"正弦"放置到循环中,输入端口与 For 循环的 i 相连,输出值除2(此步操作和步骤(4)中的 i 相加的目的是为了使波形分开显示而不重叠)。

(4) 在 For 循环体中再建立一个 For 循环,循环次数为3,将正弦值与内层 For 循环的 i 相加(禁用此处 For 循环的输入自动索引隧道),再将它经过两层 For 循环的自动索引隧道输出,形成二维数组,与"二维数据—波形图"连接。

(5) 在外层 For 循环的输出自动索引隧道处右击,从弹出的快捷菜单中选择"创建"→"显示控件"命令,修改标签名称为"数组"。

运行程序,显示结果与程序框图如图5.31所示。图中所示为一个30行3列的数组。在波形显示时,每一列作为一条曲线进行显示,程序每运行一次,波形图是先清除旧的数据点,再显示新的30个数据点。

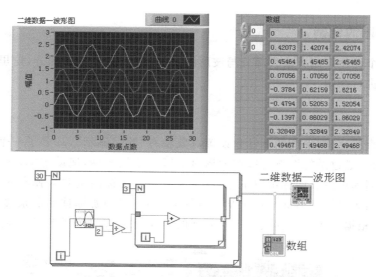

图 5.31 二维数组数据显示（波形图）

【例 5.12】 波形数据显示。

按如下步骤创建程序。

（1）切换到前面板,在"控件"→"新式"→"图形"子选板中选择波形图放置到前面板中,修改标签名称为"波形数据—波形图",在"波形数据—波形图"的右键菜单中取消选中"忽略时间标识"。

（2）切换到程序框图,在"函数"→"编程"→"结构"子选板中选择 For 循环,设置循环次数为 30。

（3）在"函数"→"数学"→"初等与特殊函数"→"三角函数"子选板中选择"正弦"放置到循环中,输入端口与 For 循环的 i 相连。

（4）在"函数"→"编程"→"波形"子选板中选择"创建波形",拉伸成 3 个输入,分别选择"Y"、"dt"、"t0",将 Y 于"正弦"的输出端口相连,dt 设置成 10,在"函数"→"编程"→"定时"子选板中选择"获取时期/时间(s)",与 t0 相连。

（5）将"创建波形"的输出与"波形数据—波形图"连接。

运行程序,显示结果和程序框图如图 5.32 所示。在本程序中,用"创建波形"函数来创建一个正弦函数的波形数据,用"获取时期/时间"函数获取系统的当前时间,作为波形数据的起始时间。

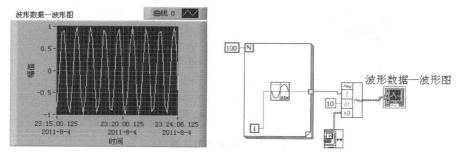

图 5.32 波形数据显示（波形图）

5.2.3 波形图的定制

波形图的个性化定制方法大部分与波形图表的相似，对于相同部分，这里不再赘述，只对不同的部分进行介绍。

1. 游标

与波形图表相比，波形图的个性化设置对象没有"数字显示"，却多了一个"游标图例"，如图5.33所示。通过游标图例可以在波形显示区中添加游标，拖动游标，在游标图例中就会显示游标的当前位置。游标可以不止一个，通过右击游标图例并从弹出的快捷菜单中选择"创建游标"命令来添加游标。选中某个游标后，还可以用游标移动器来移动游标。在游标图例中右击，根据弹出的快捷菜单可对光标的样式、颜色等进行个性化设置。

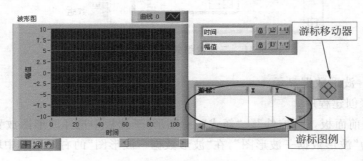

图 5.33 波形图游标设置

2. 添加注释

在前面板上右击波形图，从弹出的快捷菜单中选择"数据操作"→"创建注释"命令，弹出"创建注释"对话框，如图5.34所示。在"创建注释"对话框中，可以在"注释名称"文本框中输入想要在波形图中显示的注释名称。在"锁定风格"下拉列表框中指定注释名称是"关联至一条曲线"还是"自由"，如果选择"关联至一条曲线"，则需要再"锁定曲线"下拉列表框中

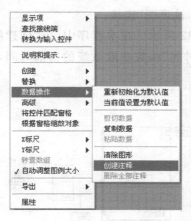

图 5.34 添加波形注释

指定注释关联的曲线,在移动注释的过程中,注释始终指向关联曲线;如果选择"自由",则"锁定曲线"选项变成灰色,不可用,可以任意移动注释,并且在移动的过程中,注释不指向曲线。设置完成后的波形图显示如图 5.35 所示。

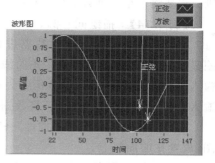

图 5.35　添加注释后的波形图显示

【例 5.13】　用簇数组和二维数组显示不同长度的数据曲线。

(1) 切换到前面板,在"控件"→"新式"→"图形"子选板中选择两个波形图放置到前面板上,分别修改标签名称为"簇数组显示"和"二维数组显示"。

(2) 切换到程序框图,在"函数"→"信号处理"→"信号生成"子选板中选择"正弦信号"和"方波",放置在程序框图中,设置正弦信号的采样点数为 128 点,方波的采样点数为 200 点,幅值为 0.5。

(3) 在"函数"→"编程"→"簇、类与变体"子选板中选择"创建簇数组",放置在程序框图中,连接两个信号输出值,创建簇数组并用波形图显示,命名为"簇数组显示"。

(4) 在"函数"→"编程"→"数组"子选板中选择"创建数组",放置在程序框图中,连接两个信号的输出端,创建二维数组并用波形图显示,命名为"二维数组显示"。

运行程序,结果如图 5.36 所示。从图中可以看出,用簇数组显示的波形图中,只显示实际的数据点数,而用二维数组显示时,缺少的点数用"0"补齐。

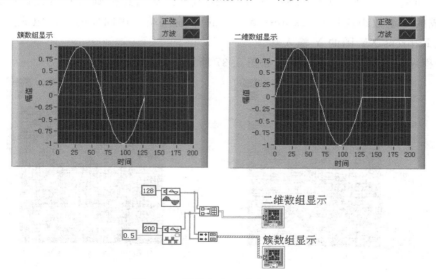

图 5.36　簇数组与二维数组显示

5.3　XY 图与 Express XY 图

由于波形图表与波形图的横坐标都是均匀分布的,因此不能描绘出非均匀采样得到的数据曲线,而用坐标图就可以轻松实现。LabVIEW 中 XY 图和 Express XY 图是用于画坐标图的一个有效控件。XY 图和 Express XY 图的输入数据需要包含两个一维数组,分别包含数据点的横坐标和纵坐标的数值。在 XY 图中需要将两个数组合成一个簇，而在 Express XY 图中则只需要将两个一维数组分别与该 VI"X 输入端口"和"Y 输入端口"相连。

【例 5.14】 描绘同心圆。

用 XY 图显示时需要对数据进行簇绑定，两个圆的半径分别为 1 和 2；用 Express XY 图显示时，如果显示的只是一条曲线，则只要将两个一维数组分别输入到 Express XY 的 X 输入端和 Y 输入端即可。本例中为显示两个同心圆，所以在将数据接入到 Express XY 得输入端时，要先用"创建数组"将数据连接成一个二维数组。

（1）切换到前面板，在"控件"→"新式"→"图形"子选板中选择"XY 图"和"Express XY 图"放置在前面板上。

（2）切换到程序框图，在"函数"→"数学"→"初等与特殊函数"→"三角函数"子选板中选择"正弦与余弦"放置在程序框图中。

（3）在程序框图中调用 For 循环，用 For 循环产生 360 个数据点，正弦值作为 Y 轴，余弦值作为 X 轴，这样画出的曲线为一个圆。

（4）在"函数"→"编程"→"簇、类与变体"子选板中选择"捆绑"，将"正弦与余弦"的输出组成簇数据，一路与"创建簇数组"连接，另一路乘以 2 后与"创建簇数组"连接，组成二维簇数组后与 XY 图连接。

（5）在"函数"→"编程"→"数组"子选板中选择"创建数组"，将"正弦与余弦"sin 输出端口连接到"创建数组"的一个输入端，将 sin 输出值乘以 2 后连接到"创建数组"的另一个输入端，组成的二维数组连接到 Express XY 图的 X 输入端。用同样的方法组成一个二维数组连接到 Express XY 图的 Y 输入端。

运行程序，显示结果和程序框图如图 5.37 所示。

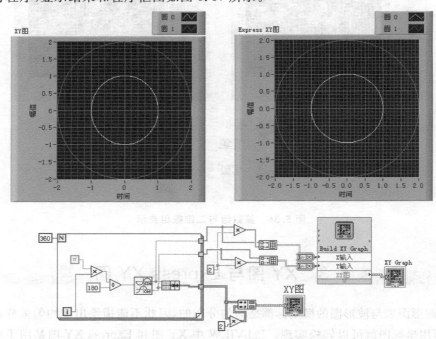

图 5.37 用 XY 图和 Express XY 图显示同心圆

本 章 小 结

本章介绍了 LabVIEW 2010 中的波形图表、波形图、XY 图和 Express XY 图。

趋势图可以将新数据添加到曲线的尾端,从而反映实时数据的变化趋势,主要用于显示实时曲线,如波形图表、强度图表等;事后记录图在画图之前会自动清空当前图表,然后把输入的数据画成曲线,如波形图、XY 图等。

在波形图和波形图表或它的各个组成部分上右击,根据弹出的快捷菜单可修改波形图或波形图表的属性和参数。

波形图与波形图表是显示均匀采样波形的理想方式,而坐标图则是显示非均匀采样波形的较好选择。坐标图就是通常意义上的笛卡儿图,可以用于绘制多值函数曲线,如圆和椭圆等,通过 XY 图和 Express XY 图可以轻松绘制坐标图。

习　题

波形图表和波形图有哪些区别?

上 机 实 验

实验目的

熟悉 LabVIEW 中图形与图表的使用方法。

实验内容一

在波形 Graph 上用两种不同颜色显示一条正弦曲线和一条余弦曲线,每条曲线长度为 128 个点,其中正弦曲线的 $X_0=0$,$\Delta X=1$,余弦曲线的 $X_0=2$,$\Delta X=5$。

实验步骤:

(1) 前面板设置:在"控件"→"新式"→"图形"子选板中,选择"波形图"控件放置在前面板中。

(2) 程序框图控件:在"函数"→"编程"→"结构"子选板中,选择"For 循环"控件放置在程序框图中,并在循环次数位置创建"常量"为"128",即循环执行 128 次,也是曲线长度 128 个点的设置。

(3) 在程序框图中,放置"除"、"π"、"乘"、"正弦"、"余弦"、"捆绑"、"创建数组"等控件,按照图 5.38 对各控件进行连接。

(4) 运行程序,在前面板观察两条曲线并依照题意对比两条曲线出现的差别。

实验内容二

用 XY Graph 显示一个半径为 5 的圆。

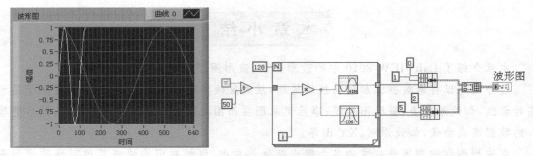

图 5.38　利用波形图绘制正弦、余弦曲线

实验步骤：

（1）前面板放置波形显示控件：在"控件"→"新式"→"图形"子选板中，选择"XY 图"控件放置在前面板中。

（2）程序框图控件：在"函数"→"编程"→"结构"子选板中，选择"For 循环"控件放置在程序框图中，并在循环次数位置创建"常量"为"360"，即循环执行 360 次，使得波形构成一个完整的圆。

（3）在程序框图中，放置"除"、"π"、"乘"、"正弦与余弦"、"捆绑"、"创建簇数组"等控件，按照图 5.39 对各控件进行连接。

（4）运行程序，在前面板观察波形曲线。并能够举一反三画出不同半径的圆。

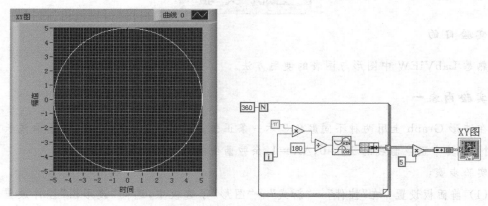

图 5.39　利用 XY 图绘制半径为 5 的圆

数 据 采 集

本章知识脉络图

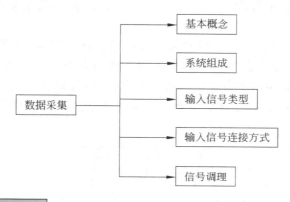

学习目标及重点

◇ 了解采样频率、抗混叠滤波和样本数法。

◇ 理解数据采集系统的构成。

◇ 掌握模拟输入测量。

◇ 掌握模拟输出方法。

6.1 概　　述

在计算机广泛应用的今天,数据采集的重要性是十分显著的。它是计算机与外部物理世界连接的桥梁。各种类型信号采集的难易程度差别很大。实际采集时,噪声也可能带来一些麻烦。进行数据采集时,有一些基本原理要注意,还有更多的实际问题要解决。

6.1.1 基本概念

假设现在对一个模拟信号 $x(t)$ 每隔 Δt 时间采样一次。时间间隔 Δt 被称为采样间隔或者采样周期。它的倒数 $1/\Delta t$ 被称为采样频率,单位是采样数/每秒。$t=0,\Delta t,2\Delta t,3\Delta t,\cdots,x(t)$ 的数值就被称为采样值。所有 $x(0)$,$x(\Delta t),x(2\Delta t),\cdots$ 都是采样值。这样信号 $x(t)$ 可以用一组分散的采样值来表示:

$$\{x(0), x(\Delta t), x(2\Delta t), x(3\Delta t), \cdots, x(k\Delta t), \cdots\}$$

图 6.1 显示了一个模拟信号和它采样后的采样值。采样间隔是 Δt,注意,采样点在时域上是分散的。

如果对信号 $x(t)$ 采集 N 个采样点,那么 $x(t)$ 就可以用下面这个数列表示:

$$X = \{x[0], x[1], x[2], x[3], \cdots, x[N-1]\}$$

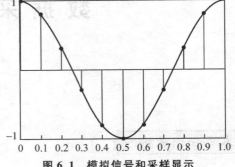

这个数列被称为信号 $x(t)$ 的数字化显示或者采样显示。注意这个数列中仅仅用下标变量编制索引,而不含有任何关于采样率(或 Δt)的信息。所以如果只知道该信号的采样值,并不能知道它的采样率,缺少了时间尺度,也不可能知道信号 $x(t)$ 的频率。

图 6.1　模拟信号和采样显示

根据采样定理,最低采样频率必须是信号频率的两倍。反过来说,如果给定了采样频率,那么能够正确显示信号而不发生畸变的最大频率叫做奈奎斯特频率,它是采样频率的一半。如果信号中包含频率高于奈奎斯特频率的成分,信号将在直流和奈奎斯特频率之间畸变。图 6.2 显示了一个信号分别用合适的采样率和过低的采样率进行采样的结果。

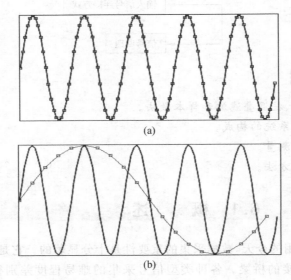

图 6.2　不同采样率的采样结果
(a) 足够的采样率下的采样结果;(b) 过低的采样率下的采样结果

采样率过低的结果是还原的信号的频率看上去与原始信号不同,这种信号畸变叫做混叠。出现的混频偏差是输入信号的频率和最靠近的采样率整数倍的差的绝对值。

图 6.3 给出了一个例子。假设采样频率 f_s 是 100 Hz,信号中含有 25 Hz、70 Hz、160 Hz 和 510 Hz 的成分。

采样的结果将会是低于奈奎斯特频率($f_s/2 = 50$ Hz)的信号可以被正确采样。而频率高于 50 Hz 的信号成分采样时会发生畸变。分别产生了 30 Hz、40 Hz 和 10 Hz 的畸变频率

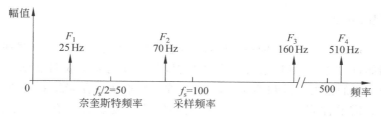

图 6.3 混叠示意图

F_2、F_3 和 F_4。计算混频偏差的公式为

混频偏差＝ABS(采样频率的最近整数倍－输入频率)

其中 ABS 表示"绝对值",例如:

混频偏差 $F_2 = |100-70| = 30(Hz)$

混频偏差 $F_3 = |2\times100-160| = 40(Hz)$

混频偏差 $F_4 = |5\times100-510| = 10(Hz)$

为了避免这种情况的发生,通常在信号被采集之前经过一个低通滤波器,将信号中高于奈奎斯特频率的信号成分滤去。在图 6.3 的例子中,这个滤波器的截止频率自然是 25 Hz。这个滤波器称为抗混叠滤波器。

采样频率应当怎样设置呢?读者可能会首先考虑用采集卡支持的最大频率。但是,较长时间使用很高的采样率可能会导致没有足够的内存或者硬盘存储数据太慢。理论上设置采样频率为被采集信号最高频率成分的 2 倍就够了;实际上工程中选用 5～10 倍,有时为了较好地还原波形,甚至更高一些。

通常,信号采集后都要去做适当的信号处理,例如 FFT 等。这里对样本数又有一个要求,一般不能只提供一个信号周期的数据样本,希望有 5～10 个周期,甚至更多的样本。

6.1.2 数据采集系统的构成

在数据采集之前,程序将对采集板卡初始化,板卡上和内存中的 Buffer 是数据采集存储的中间环节。需要注意的两个问题是:是否使用 Buffer、是否使用外触发启动、停止或同步一个操作。图 6.4 表示了数据采集的结构。

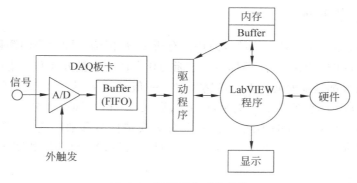

图 6.4 数据采集系统结构

1. 缓冲（Buffers）

这里的缓冲指的是 PC 内存的一个区域（不是数据采集卡上的 FIFO 缓冲），它用来临时存放数据。例如，用户需要每秒采集几千个数据，在一秒内显示或图形化所有数据是困难的。但是将采集卡的数据先送到 Buffer，就可以先将它们快速存储起来，稍后再重新找回它们显示或分析。需要注意的是 Buffer 与采集操作的速度及容量有关。如果用户的卡有 DMA 性能，模拟输入操作就有一个通向计算机内存的高速硬件通道，这就意味着所采集的数据可以直接送到计算机的内存。

不使用 Buffer 意味着对所采集的每一个数据都必须及时处理（图形化、分析等），因为这里没有一个场合可以保持我们要着手处理的数据之前的若干数据点。

下列情况需要使用 Buffer I/O：需要采集或产生许多样本，其速率超过了实际显示、存储到硬件或实时分析的速度；需要连续采集或产生 AC 数据（>10 样本/s），并且要同时分析或显示某些数据；采样周期必须准确、均匀地通过数据样本。

下列情况可以不使用 Buffer I/O：数据组短小，例如每秒只从两个通道之一采集一个数据点；需要缩减存储器的开支。

2. 触发（Triggering）

触发涉及初始化、终止或同步采集事件的任何方法。触发器通常是一个数字信号或模拟信号，其状态可确定动作的发生。软件触发最容易，我们可以直接用软件，例如使用布尔面板控制去启动/停止数据采集。硬件触发让板卡上的电路管理触发器控制了采集事件的时间分配，有很高的精确度。硬件触发可进一步分为外部触发和内部触发。当某一模拟输入通道发生一个指定的电压电平时，让板卡输出一个数字脉冲，这是内部触发；采集卡等待一个外部仪器发出的数字脉冲到来后初始化采集卡，这是外部触发。许多仪器提供数字输出（常称为 trigger out）用于触发特定的装置或仪器，在这里，就是数据采集卡。

下列情况使用软件触发：用户需要对所有采集操作有明确的控制；事件定时不需要非常准确。

下列情况使用硬件触发：采集事件定时需要非常准确；用户需要削减软件开支；采集事件需要与外部装置同步。

6.1.3　输入信号类型

数据采集前，必须对所采集的信号的特性有所了解，因为不同信号的测量方式和对采集系统的要求是不同的，只有了解被测信号，才能选择合适的测量方式和采集系统配置。

任意一个信号都是随时间而改变的物理量。一般情况下，信号所运载的信息是很广泛的，例如，状态（state）、速率（rate）、电平（level）、形状（shape）、频率成分（frequency content）等。根据信号运载信息方式的不同，可以将其分为模拟信号和数字信号。数字（二进制）信号分为开关信号和脉冲信号。模拟信号可分为直流、时域、频域信号，如图 6.5 所示。

1. 数字信号

第一类数字信号是开关信号。一个开关信号运载的信息与信号的瞬间状态有关。

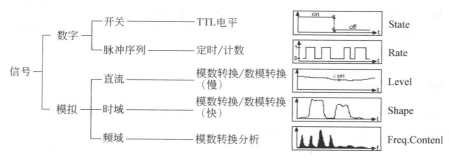

图 6.5　信号分类示意图

TTL 信号就是一个开关信号,一个 TTL 信号如果在 2.0～5.0 V 之间,就定义它为逻辑高电平;如果在 0～0.8 V 之间,就定义它为逻辑低电平。

第二类数字信号是脉冲信号。这种信号包括一系列的状态转换,信息就包含在状态转化发生的数目、转换速率、一个转换间隔或多个转换间隔的时间中。安装在马达轴上的光学编码器的输出就是脉冲信号。有些装置需要数字输入,比如一个步进式马达就需要一系列的数字脉冲作为输入来控制位置和速度。

2. 模拟直流信号

模拟直流信号是静止的或变化非常缓慢的模拟信号。直流信号最重要的信息是它在给定区间内运载的信息的幅度。常见的直流信号有温度、流速、压力、应变等。采集系统在采集模拟直流信号时,需要有足够的精度以正确测量信号电平,由于直流信号变化缓慢,用软件计时就够了,不需要使用硬件计时。

3. 模拟时域信号

模拟时域信号与其他信号的不同在于,它在运载信息时不仅有信号的电平,还有电平随时间的变化。在测量一个时域信号时,也可以说它是一个波形,需要关注一些有关波形形状的特性,比如斜度、峰值等。为了测量一个时域信号,必须有一个精确的时间序列,序列的时间间隔也应该合适,以保证信号的有用部分被采集到。要以一定的速率进行测量,这个测量速率要能跟上波形的变化。用于测量时域信号的采集系统包括一个 A/D、一个采样时钟和一个触发器。A/D 的分辨率要足够高,以保证采集数据的精度,带宽要足够高,以便用于高速率采样;精确的采样时钟,用于以精确的时间间隔采样;触发器使测量在恰当的时间开始。存在许多不同的时域信号,比如心脏跳动信号、视频信号等,测量它们通常是因为对波形的某些方面特性感兴趣。

4. 模拟频域信号

模拟频域信号与时域信号类似,然而,从频域信号中提取的信息是基于信号的频域内容,而不是波形形状,也不是随时间变化的特性。用于测量一个频域信号的系统必有一个 A/D、一个简单时钟和一个用于精确捕捉波形的触发器。系统必须有必要的分析功能,用于从信号中提取频域信息。为了实现这样的数字信号处理,可以使用应用软件或特殊的 DSP 硬件来迅速而有效地分析信号。模拟频域信号也很多,比如声音信号、地球物理信号、传输信号等。

上述信号分类不是互相排斥的。一个特定的信号可能运载有不只一种信息,可以用几种方式来定义信号并测量它,用不同类型的系统来测量同一个信号,从信号中取出需要的各种信息。

6.1.4 输入信号的连接方式

一个电压信号可以分为接地和浮动两种类型。测量系统可以分为差分(Differential)、参考地单端(RSE)、无参考地单端(NRSE)三种类型。

1. 接地信号和浮动信号

(1) 接地信号

接地信号,就是将信号的一端与系统地连接起来,如大地或建筑物的地。因为信号用的是系统地,所以与数据采集卡是共地的。接地最常见的例子是通过墙上的接地引出线,如信号发生器和电源。

(2) 浮动信号

一个不与任何地(如大地或建筑物的地)连接的电压信号称为浮动信号,浮动信号的每个端口都与系统地独立。一些常见的浮动信号的例子有电池、热电偶、变压器和隔离放大器等。

2. 测量系统分类

(1) 差分测量系统

差分测量系统中,信号输入端分别与一个输入通道相连接。具有放大器的数据采集卡可配置成差分测量系统。图 6.6 所示为一个 8 通道的差分测量系统,用一个放大器通过模拟多路转换器进行通道间的转换。标有 AIGND(模拟输入地)的管脚就是测量系统的地。

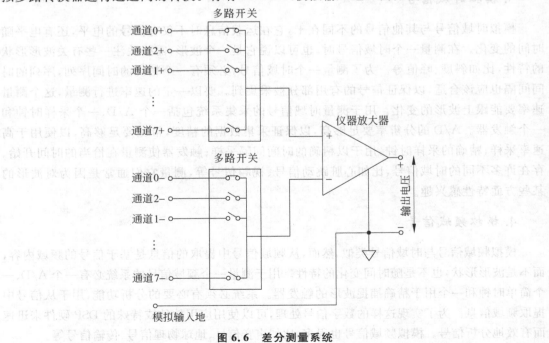

图 6.6 差分测量系统

一个理想的差分测量系统仅能测出（＋）和（－）输入端口之间的电位差，完全不会测量到共模电压。然而，实际应用的板卡却限制了差分测量系统抵抗共模电压的能力，数据采集卡的共模电压的范围限制了相对于测量系统地的输入电压的波动范围。共模电压的范围关系到一个数据采集卡的性能，可以用不同的方式来消除共模电压的影响。如果系统共模电压超过允许范围，需要限制信号地与数据采集卡的地之间的浮地电压，以避免测量数据错误。

（2）参考地单端测量系统

一个参考地单端测量系统，也叫做接地测量系统，被测信号一端接模拟输入通道，另一端接系统地 AIGND。图 6.7 所示为一个 16 通道的参考地单端测量系统。

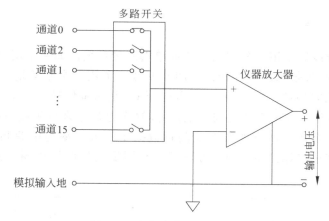

图 6.7　参考地单端测量系统

（3）无参考地单端测量系统

在无参考地单端测量系统中，信号的一端接模拟输入通道，另一端接一个公用参考端，但这个参考端电压相对于测量系统的地来说是不断变化的。图 6.8 所示为一个无参考地单端测量系统，其中 AISENSE 是测量的公共参考端，AIGND 是系统的地。

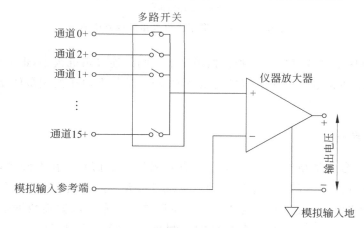

图 6.8　无参考地单端测量系统

3. 选择合适的测量系统

两种信号源和三种测量系统一共可以组成六种连接方式,如表 6.1 所示。

表 6.1　连接方式

	接地信号	浮动信号		接地信号	浮动信号
DEF	*	*	NRSE	*	*
RSE		**			

注:不带 * 号的方式不推荐使用。一般说来,浮动信号和差动连接方式可能较好。但实际测量时还要视情况而定。

4. 测量接地信号

测量接地信号最好采用差分或无参考地单端测量系统。如果采用参考地单端测量系统时,将会给测量结果带来较大的误差。图 6.9 显示了用一个参考地单端测量系统去测量一个接地信号源的弊端。在本例中,测量电压 V_m 是测量信号电压 V_s 和电位差 DVg 之和,其中 DVg 是信号地和测量地之间的电位差,这个电位差来自于接地回路电阻,可能会造成数据错误。一个接地回路通常会在测量数据中引入频率为电源频率的交流和偏置直流干扰。一种避免接地回路形成的办法就是在测量信号前使用隔离方法,测量隔离之后的信号。

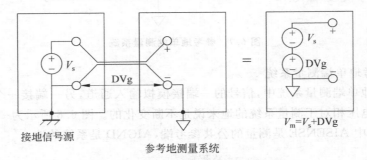

接地信号源　　　　　　参考地测量系统　　　　　　$V_m = V_s + DVg$

图 6.9　RSE 测量系统引入接地回路电压

如果信号电压很高并且信号源和数据采集卡之间的连接阻抗很小,也可以采用 RSE 系统,因为此时接地回路电压相对于信号电压来说很小,信号源电压的测量值受接地回路的影响可以忽略。

5. 测量浮动信号

可以用差分、参考地单端、无参考地单端方式测量浮动信号。在差分测量系统中,应该保证相对于测量地的信号的共模电压在测量系统设备允许的范围之内。如果采用差分或无参考地单端测量系统,放大器输入偏置电流会导致浮动信号电压偏离数据采集卡的有效范围。为了稳住信号电压,需要在每个测量端与测量地之间连接偏置电阻,如图 6.10 所示。这样就为放大器输入到放大器的地提供了一个直流通路。这些偏置电阻的阻值应该足够大,这样使得信号源可以相对于测量地浮动。对低阻抗信号源来说,$10 \sim 100$ kΩ 的电阻比较合适。

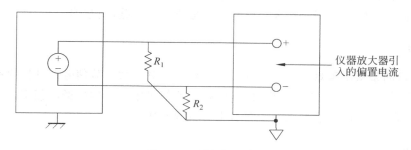

图 6.10 增加偏置电阻

如果输入信号是直流,就只需要用一个电阻将(一)端与测量系统的地连接起来。然而如果信号源的阻抗相对较高,从免除干扰的角度而言,这种连接方式会导致系统不平衡。在信号源的阻抗足够高的时候,应该选取两个等值电阻,一个连接信号高电平(十)到地,一个连接信号低电平(一)到地。如果输入信号是交流,就需要两个偏置电阻,以达到放大器的直流偏置通路的要求。

总的来说,不论测接地还是浮动信号,差分测量系统是很好的选择,因为它不但避免了接地回路干扰,还避免了环境干扰。相反的,RSE 系统却允许两种干扰的存在,在所有输入信号都满足以下指标时,可以采用 RSE 测量方式:输入信号是高电平(一般要超过 1 V);连线比较短(一般小于 5 m)并且环境干扰很小或屏蔽良好;所有输入信号都与信号源共地。当有一项不满足要求时,就要考虑使用差分测量方式。

另外需要明确信号源的阻抗。电池、RTD、应变片、热电偶等信号源的阻抗很小,可以将这些信号源直接连接到数据采集卡上或信号调理硬件上。直接将高阻抗的信号源接到插入式板卡上会导致出错。为了更好地测量,输入信号源的阻抗与插入式数据采集卡的阻抗应相匹配。

6.1.5 信号调理

从传感器得到的信号大多要经过调理才能进入数据采集设备,信号调理功能包括放大、隔离、滤波、激励、线性化等。由于不同传感器有不同的特性,因此,除了这些通用功能,还要根据具体传感器的特性和要求来设计特殊的信号调理功能。下面仅介绍信号调理的通用功能。

1. 放大

微弱信号都要进行放大以提高分辨率和降低噪声,使调理后信号的电压范围和 A/D 的电压范围相匹配。信号调理模块应尽可能靠近信号源或传感器,使得信号在受到传输信号的环境噪声影响之前已被放大,使信噪比得到改善。

2. 隔离

隔离是指使用变压器、光或电容耦合等方法在被测系统和测试系统之间传递信号,避免直接的电连接。使用隔离的原因有两个:一是从安全的角度考虑;另一个原因是隔离可使从数据采集卡读出来的数据不受地电位和输入模式的影响。如果数据采集卡的地与信号地之间有电位差,而又不进行隔离,那么就有可能形成接地回路,引起误差。

3. 滤波

滤波的目的是从所测量的信号中除去不需要的成分。大多数信号调理模块有低通滤波器,用来滤除噪声。通常还需要抗混叠滤波器,滤除信号中感兴趣的最高频率以上的所有频率的信号。某些高性能的数据采集卡自身带有抗混叠滤波器。

4. 激励

信号调理也能够为某些传感器提供所需的激励信号,比如应变传感器、热敏电阻等需要外界电源或电流激励信号。很多信号调理模块都提供电流源和电压源以便给传感器提供激励。

5. 线性化

许多传感器对被测量的响应是非线性的,因而需要对其输出信号进行线性化,以补偿传感器带来的误差。但目前的趋势是,数据采集系统可以利用软件来解决这一问题。

6. 数字信号调理

即使传感器直接输出数字信号,有时也有进行调理的必要。其作用是将传感器输出的数字信号进行必要的整形或电平调整。大多数数字信号调理模块还提供其他一些电路模块,使得用户可以通过数据采集卡的数字 I/O 直接控制电磁阀、电灯、电动机等外部设备。

6.1.6 数据采集卡

1. 数据采集卡的功能

一个典型的数据采集卡的功能有模拟输入、模拟输出、数字 I/O、计数器/计时器等,这些功能分别由相应的电路来实现。

模拟输入是采集最基本的功能。它一般由多路开关(MUX)、放大器、采样保持电路以及 A/D 来实现,通过这些部分,一个模拟信号就可以转化为数字信号。A/D 的性能和参数直接影响着模拟输入的质量,要根据实际需要的精度来选择合适的 A/D。

模拟输出通常是为采集系统提供激励。输出信号受数/模转换器(D/A)的建立时间、转换率、分辨率等因素影响。建立时间和转换率决定了输出信号幅值改变的快慢。建立时间短、转换率高的 D/A 可以提供一个较高频率的信号。如果用 D/A 的输出信号去驱动一个加热器,就不需要使用速度很快的 D/A,因为加热器本身就不能很快地跟踪电压变化。应该根据实际需要选择 D/A 的参数指标。

数字 I/O 通常用来控制过程、产生测试信号、与外设通信等。它的重要参数包括:数字口路数(line)、接收(发送)率、驱动能力等。如果输出去驱动电机、灯、开关型加热器等用电器,就不必用较高的数据转换率。路数要能同控制对象配合,而且需要的电流要小于采集卡所能提供的驱动电流。但加上合适的数字信号调理设备,仍可以用采集卡输出的低电流的

TTL 电平信号去监控高电压、大电流的工业设备。数字 I/O 常见的应用是在计算机和外设如打印机、数据记录仪等之间传送数据。另外一些数字口为了同步通信的需要还有"握手"线。路数、数据转换速率、"握手"能力都是应理解的重要参数，应依据具体的应用场合而选择有合适参数的数字 I/O。

许多场合都要用到计数器，如定时、产生方波等。计数器包括三个重要信号：门限信号、计数信号、输出。门限信号实际上是触发信号——使计数器工作或不工作；计数信号也即信号源，它提供了计数器操作的时间基准；输出是在输出线上产生脉冲或方波。计数器最重要的参数是分辨率和时钟频率，高分辨率意味着计数器可以计更多的数，时钟频率决定了计数的快慢，频率越高计数速度就越快。

2. 数据采集卡的软件配置

一般说来，数据采集卡都有自己的驱动程序，该程序控制采集卡的硬件操作，当然这个驱动程序是由采集卡的供应商提供的，用户一般无须通过底层与采集卡硬件打交道。

NI 公司还提供了一个数据采集卡的配置工具软件——Measurement & Automation Explorer，它可以配置 NI 公司的软件和硬件，比如执行系统测试和诊断、增加新通道和虚拟通道、设置测量系统的方式、查看所连接的设备等。

6.1.7　多通道的采样方式

多数通用采集卡都有多个模拟输入通道，但是并非每个通道配置一个 A/D，而是大家共用一套 A/D，在 A/D 之前有一个多路开关（MUX），以及放大器（AMP）、采样保持器（S/H）等。通过这个开关的扫描切换，实现多通道的采样。多通道的采样方式有三种：循环采样、同步采样和间隔采样。在一次扫描（scan）中，数据采集卡将对所有用到的通道进行一次采样，扫描速率（scan rate）是数据采集卡每秒进行扫描的次数。

当对多个通道采样时，循环采样是指采集卡使用多路开关以某一时钟频率将多个通道分别接入 A/D 循环进行采样。此时，所有的通道共用一个 A/D 和 S/H 等设备，比每个通道分别配一个 A/D 和 S/H 的方式要廉价。循环采样的缺点在于不能对多通道同步采样，通道的扫描速率是由多路开关切换的速率平均分配给每个通道的。因为多路开关要在通道间进行切换，对两个连续通道的采样，采样信号波形会随着时间变化产生通道间的时间延迟。如果通道间的时间延迟对信号的分析不很重要，使用循环采样是可以的。图 6.11 所示为两个通道循环采样的示意图。

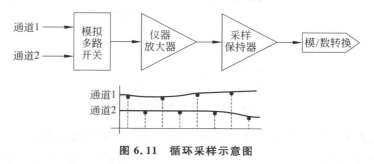

图 6.11　循环采样示意图

当通道间的时间关系很重要时,就需要用到同步采样方式。支持这种方式的数据采集卡每个通道使用独立的放大器和 S/H 电路,经过一个多路开关分别将不同的通道接入 A/D 进行转换。图 6.12 给出两个通道同步采样的示意图。

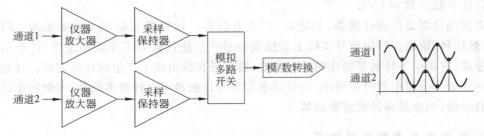

图 6.12　同步采样示意图

还有一种数据采集卡,每个通道各有一个独立的 A/D,这种数据采集卡的同步性能更好。但是成本显然更高。

假定用四个通道来采集均为 50 kHz 的周期信号(其周期是 20 μs),数据采集卡的采样速率设为 200 kHz,则采样间隔为 5 μs(1/200 kHz)。如果用循环采样则每相邻两个通道之间的采样信号的时间延迟为 5 μs(1/200 kHz),这样通道 1 和通道 2 之间就产生了 1/4 周期的相位延迟,而通道 1 和通道 4 之间的信号延迟就达 15 μs,折合相位差是 270°。一般说来这是不行的。

为了改善这种情况,而又不必付出像同步采样那样大的代价,就有了如下的间隔扫描 (interval scanning)方式。

在这种方式下,用通道时钟控制通道间的时间间隔,而用另一个扫描时钟控制两次扫描过程之间的间隔。通道间的间隔实际上由采集卡的最高采样速率决定,可能是微秒、甚至纳秒级的,效果接近于同步扫描。间隔扫描适合缓慢变化的信号,比如温度和压力。假定一个 10 通道温度信号的采集系统,用间隔采样,设置相邻通道间的扫描间隔为 5 μs,每两次扫描过程的间隔是 1 s,这种方法提供了一个以 1 Hz 同步扫描 10 通道的方法,如图 6.13 所示。1 通道和 10 通道扫描间隔是 45 μs,相对于 1 Hz 的采样频率是可被忽略的。对一般采集系统来说,间隔采样是性价比较高的一种采样方式。

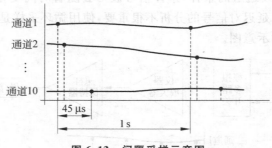

图 6.13　间隔采样示意图

NI 公司的数据采集卡可以使用内部时钟来设置扫描速率和通道间的时间间隔。多数数据采集卡根据通道时钟(channel clock)按顺序扫描不同的通道,控制一次扫描过程中相邻通道间的时间间隔,而用扫描时钟(scan clock)来控制两次扫描过程的间隔。通道时钟要比扫描时钟快,通道时钟速率越快,在每次扫描过程中相邻通道间的时间间隔就越小。

对于具有扫描时钟和通道时钟的数据采集卡,可以通过把扫描速率(scan rate)设为 0,使用 AI Config VI 的 interchannel delay 端口来设置循环采样速率。LabVIEW 默认的是 scan clock,换句话来说,当选择好扫描速率时,LabVIEW 自动选择尽可能快的通道时钟速率,大多数情况下,这是一种比较好的选择。图 6.14 对循环采样和间隔采样进行了比较。

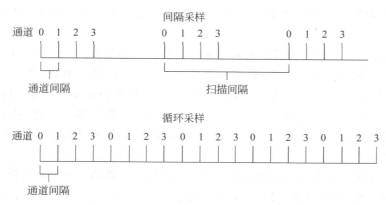

图 6.14 间隔采样与循环采样比较示意

6.2 模 拟 输 入

LabVIEW 的数据采集(Data Acquisition)程序库包括了许多 NI 公司数据采集卡的驱动控制程序。通常,一块卡可以完成多种功能,如模/数转换、数/模转换、数字量输入/输出,以及计数器/定时器操作等。用户在使用之前必须对数据采集卡的硬件进行配置。这些控制程序用到了许多低层的数据采集驱动程序。

数据采集系统的基本任务是物理信号的产生或测量。但是要使计算机系统能够测量物理信号,必须要使用传感器把物理信号转换成电信号(电压或者电流信号)。有时不能把被测信号直接连接到数据采集卡,而必须使用信号调理辅助电路,先将信号进行一定的处理。总之,数据采集是借助软件来控制整个数据采集系统的,包括采集原始数据、分析数据、给出结果等。

数据采集系统分为插入式数据采集系统和外接式数据采集系统。外接式不需要在计算机内部插槽中插入板卡,这时,计算机与数据采集系统之间的通信可以采用各种不同的总线,如并行口等完成。这种结构适用于远程数据采集和控制系统。

当采用数据采集卡测量模拟信号时,必须考虑下列因素:输入模式(单端输入或者差分输入)、分辨率、输入范围、采样速率、精度和噪声等。

单端输入以一个共同接地点为参考点。这种方式适用于输入信号为高电平(大于 1 V)、信号源与采集端之间的距离较短(小于 15 ft),并且所有输入信号有一个公共接地端。如果不能满足上述条件,则需要使用差分输入。差分输入方式下,每个输入可以有不同的接地参考点。并且,由于消除了共模噪声的误差,所以差分输入的精度较高。

输入范围是指 A/D 转换能够量化处理的最大、最小输入电压值。数据采集卡提供了可选择的输入范围,它与分辨率、增益等配合,以获得最佳的测量精度。

分辨率是模/数转换所使用的数字位数。分辨率越高,输入信号的细分程度就越高,能够识别的信号变化量就越小。一个正弦波信号,三位模/数转换,三位模/数转换把输入范围细分为 8 份,二进制数从 000 到 111 分别代表每一份。显然,此时数字信号不能很好地表示原始信号,因为分辨率不够高,许多变化在模/数转换过程中丢失了。然而,如果把分辨率增加为 16 位,模/数转换的细分数值就可以从 8 增加到 65 536,它就可以相当准确地表示原始信号。

增益表示输入信号被处理前放大或缩小的倍数。给信号设置一个增益值,我们就可以实际减小信号的输入范围,使模/数转换能尽量地细分输入信号。例如,当使用一个 3 位模/数转换,输入信号范围为 0~10 V,当增益=1 时,模/数转换只能在 5 V 范围内细分成 4 份,而当增益=2 时,就可以细分成 8 份,精度大大地提高了。但是必须注意,此时实际允许的输入信号范围为 0~5 V。一旦超过 5 V,当乘以增益 2 以后,输入到模/数转换的数值就会大于允许值 10 V。

总之,输入范围、分辨率以及增益决定了输入信号可识别的最小模拟变化量。此最小模拟变化量对应于数字量的最小位上的 0、1 变化,通常叫做转换宽度(code width)。其算式为

$$\frac{输入范围}{增益 \times 2^{分辨率}}$$

例如,一个 12 位的数据采集卡,输入范围为 0~10 V,增益为 1,则可检测到 2.4 mV 的电压变化。而当输入范围为 -10~10 V(20 V)时,可检测的电压变化量则为 4.8 mV。

采样率决定了模/数变换的速率。采样率高,则在一定时间内采样点就多,对信号的数字表达就越精确。采样率必须保证一定的数值,如果太低,则精确度就很差。

根据奈奎斯特采样理论,采样频率必须是信号最高频率的两倍。例如,音频信号的频率一般达到 20 kHz,因此其采样频率一般需要 40 kHz。

平均化。噪声将会引起输入信号畸变。噪声可以是计算机外部的或者内部的。要抑制外部噪声误差,可以使用适当的信号调理电路,也可以增加采样信号点数,再取这些信号的平均值以抑制噪声误差,这样误差可以减小到乘以下面的系数:

$$\frac{1}{\sqrt{采样点数}}$$

例如,如果以 100 个点来平均,则噪声误差将减小 1/10。

LabVIEW 中对于数据采集模块按照难易程度做了分类,图 6.15 以模拟输入为例表明了工具栏中各种类型的模拟输入模块。

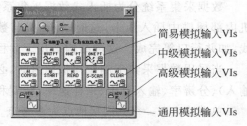

简易模拟输入VIs
中级模拟输入VIs
高级模拟输入VIs
通用模拟输入VIs

图 6.15　模拟输入的各种模块

1. 简易模拟输入 VIs(Ease Analog VIs)

该行的四个模块执行简单的模拟输入操作。它们可以作为单独的 VI,也可以作为 subVI 来使用。这些模块可以自动发出错误警告信息,在对话框中用户可以选择中断运行或忽略。但是比较复杂的应用需要使用下面的类型。

2. 中级模拟输入 VIs(Intermediate Analog Input VIs)

中级模拟输入在两个地方可以找到,一个在如图 6.15 所示的位置,另一个是包含在下面讨论的通用模拟输入 VIs 中。与简易模拟输入不同的是,在那里的一个操作 AI Input,这里细分为 AI Config、AI Start、AI Read、AI Single Scan 以及 AI Clear。它可以描述更加细致、复杂的操作。

3. 通用模拟输入 VIs(Analog Input Utility VIs)

这里提供了三个常用的 VIs：AI Read One Scan、AI Waveform Scan 以及 AI Continuous Scan。使用一个 VI 就可以解决一个普通的模拟输入问题,方便但缺乏灵活性。这三个 Vis 是由中级模拟输入构成的。

4. 高级模拟输入 VIs (Advanced Analog Input VIs)

这些 VIs 是 NI(数据采集)软件的界面,是上面三种类型 Vis 的基础。一般情况下,用户不需要直接使用这个功能。

6.2.1 模拟输入参数

为了更好地理解模拟输入,需要了解信号数字化过程中分辨率、范围、增益等参数对采集信号质量的影响。

1. 分辨率

分辨率就是用来进行模/数转换的位数,A/D 的位数越多,分辨率就越高,可区分的最小电压就越小。分辨率要足够高,数字化信号才能有足够的电压分辨能力,才能比较好地恢复原始信号。目前分辨率为 8 的数据采集卡属于较低档的,12 位属中档,16 位的卡就比较高了。它们可以分别将模拟输入电压量化为 256、4096、65 536 份。

2. 电压范围

电压范围由 A/D 能数字化的模拟信号的最高和最低的电压决定。一般情况下,采集卡的电压范围是可调的,所以可选择和信号电压变化范围相匹配的电压范围以充分利用分辨率范围,得到更高的精度。比如,对于一个 3 位的 A/D,在选择 0～10 V 范围时,它将 10 V 八等分;如果选择范围为 −10～10 V,同一个 A/D 就得将 20 V 分为 8 等份,能分辨的最小电压就从 1.25 V 上升到 2.50 V,这样信号复原的效果就更差了。

3. 增益

增益主要用于在信号数字化之前对衰减的信号进行放大。使用增益,可以等效地降低 A/D 的输入范围,使它能尽量将信号分为更多的等份,基本达到满量程,这样可以更好地复原信号。因为对同样的电压输入范围,大信号的量化误差小,而小信号时量化误差大。当输入信号不接近满量程时,量化误差会相对加大。例如,输入只为满量程的 1/10 时,量化误差相应扩大 10 倍。一般使用时,要通过选择合适的增益,使得输入信号动态范围与 A/D 的电压范围相适应。当信号的最大电压加上增益后超过了板卡的最大电压,超出部分将被截断而读出错误的数据。

对于 NI 公司的数据采集卡选择增益是在 LabVIEW 中通过设置信号输入限制(input limits)来实现的,LabVIEW 会根据选择的输入限制和输入电压范围的大小来自动选择增益的大小。

一个采集卡的分辨率、范围和增益决定了可分辨的最小电压,它表示为 1 LSB。例如,某采集卡的分辨率为 12 位,范围取 $0 \sim 10$ V,增益取 100,则有 1 LSB $= 10$ V$/(100 \times 4096) \approx 24 \mu$V。这样,在数字化过程中,最小能分辨的电压就为 24μV。

选择的增益和输入范围要与实际被测信号匹配。如果输入信号的改变量比采集卡的精度低,就可以将信号放大,提高增益。选择一个大的输入范围或降低增益可以测量大范围的信号,但这是以精度的降低为代价的。选择一个小的输入范围或提高增益可以提高精度,但这可能会使信号超出 A/D 允许的电压范围。

在研究采集 VI 之前需要了解如下的几个定义。我们以图 6.16 所示的多通道模入波形采集 AI Acquire Waveform. vi 为例说明。

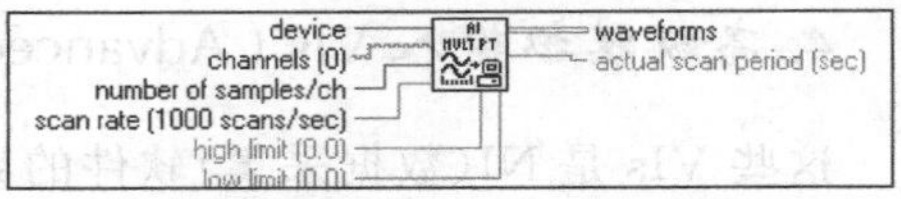

图 6.16 多通道模拟输入波形采集节点

device——设备号。在 NI 采集设置工具中设定。该参数告诉 LabVIEW 用户使用什么卡,它可以使采集 VI 自身独立于卡的类型,也就是说,如果用户稍后使用了另一种卡,并且赋予它同样的设备号,则 VI 程序可正常工作而无须修改。

channels——指定数据样本的物理源。例如,一个卡有 16 个模拟输入通道,我们就可以同时采集 16 组数据点。在 LabVIEW 的 VI 中,一个通道或一组通道都用一个字符串来指定,如表 6.2 所示。

表 6.2 通道及表示方法

通　　道	通道串	通　　道	通道串
通道 5	5	通道 1、8,以及 $10 \sim 13$	1、8,10：13
通道 $0 \sim 4$	0：4		

scan rate(1000 scans/sec)——在多通道采样时,分配给一个通道的样本速率,默认值是 1000/s。

number of samples/ch——每通道要采集的样本数,默认值是 1000。

high limit——被测信号的最高电平,其默认值是 0。设为默认值时系统将按照采集卡设置程序 MAX 中的设定处理。

low limit——被测信号的最低电平,其默认值是 0。设为默认值时系统将按照采集卡设置程序 MAX 中的设定处理。

high limit 和 low limit 的值将决定采集系统的增益。对大多数卡输入信号变化的默认值是 $10 \sim -10$ V,如果将其设为 $5 \sim -5$ V,则增益为 2;如果将其设为 $1 \sim -1$ V,则增益为 10。如果设置一个理论上的增益是得不到支持的,LabVIEW 会自动将其调整到最近的预置值。典型的采集卡所支持的增益值为 0.5、1、2、5、10、20、50、100。

waveforms——A/D 转换后的输出,是一个二维的 waveform 数组,其每一列对应于一个输入通道,同时包含有反映时间信息的 t_0 和 Δt。

6.2.2 简易模拟输入

图 6.17 所示为 LabVIEW 提供的一组标准的、简单易用的采集 VI。

图 6.17 中,从左到右,4 个 VI 的功能为:

(1) 从指定通道获得一个样本。

(2) 从通道字符串规定的一组通道获得一个样本。这些样本返回到一个样本数组,顺序由通道号决定。

(3) 按指定的采样率由一个通道得到一个波形(一组覆盖一个周期的样本),这些样本返回到一个 wareform 数组。

(4) 从由通道字符串规定的每个通道获得一个波形。这些样本返回到一个波形的二维数组,顺序由通道号和采样周期决定。通道数据的每个点占 1 列,时间增量由行决定。

图 6.17 简易模拟输入图标

图 6.18 采集电压信号前面板及程序框图

【例 6.1】 采集一个直流电压信号。

(1) 准备一个直流电源(例如 0.5 V)作为信号源,连接到数据采集卡的 0 通道模入端。

(2) 构造前面板和框图如图 6.18 所示。

(3) 运行程序,可得到 Meter 指示 0.5 V。

【例 6.2】 多通道数据采集。

(1) 准备一个方波信号源和一个正弦波信号源,分别连接到模入通道 0 和 1。

(2) 设置前面板与框图如图 6.19 所示。

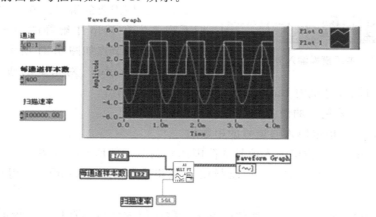

图 6.19 多通道数据采集前面板及程序框图

(3) 设置 scan 速率、通道号、每通道样本数如前面板所示。

(4) 运行该程序。

(5) 保存为 Acquire Multiple Channels. vi。

注意：这里使用的 AI Acquire Waveform. vi 具有多态性，它的输出可以是 Waveform，也可以是 Array，前者可直接与 Graph 连接，后者如果直接与 Graph 连接要麻烦一些。在 LabVIEW 6I 以前的版本中只有后者。用后者编写这个程序的框图如图 6.20 所示。

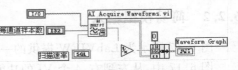

图 6.20　矩阵连接波形图程序框图

增加的步骤包括：

(6) 在框图上调出 AI Acquire Waveform. vi 的快捷菜单，选择 Select Type→Scaled Array 命令。

(7) 在前面板上的 Graph 上用快捷菜单选择 Transpose Array。因为 AI Sample Channel 功能返回的 2D 数组是每列反映一个通道的电压，而在一般情况下 Graph 图形是行对列，所以需要对数组作一次转置，以使 Y 轴表示电压值。

(8) 在框图上将起始时刻、实际采样周期的倒数和采样数据使用 Bundle 功能捆绑成一个数组，送给 Graph。注意捆绑的顺序是 I32、SGL 和数组，如果变为 I32、数组和 SGL，可能出错。

6.2.3　中级模拟输入

上面介绍的简单模拟输入的基本局限是执行采集任务的冗余。例如，我们每一次调用 AI Sample Channel，都必须为特定类型的测量设置硬件，告诉它采样率等。显然，如果我们要反复采集大量的样本，未必需要在每一次重复时都去设置测量。一个典型的情况是连续采集，需要在程序中采用循环结构，按照简单模拟输入，每次采集前都在设置参数，不仅多余，而且造成了采集过程的不连续。

中级模拟输入有更好的功能与灵活性，可以更有效地开发用户的应用。它的特点包括控制内部采样率、使用外部触发、执行连续外部触发等。下面我们将仔细描述它的各种 VI，应该注意其大量输入、输出端子中的部分内容一般是不必理会的。有效地使用这些 VI 只需要关注我们需要的端子。在大多数情况下，我们不需要为在 help 中解释的端子的设置烦恼。中级模拟输入节点如图 6.21 所示。

图 6.21　中级模拟输入节点

(1) AI Config　对指定的通道设置模拟输入操作，包括硬件、计算机内 Buffer 的分配。常用的端子有：

① Device——采集卡的设备号。

② Channel——指定模入通道号的串数组。

③ Intput limit——指定输入信号的范围达到调节硬件增益的目的。

④ Buffer size——单位是 scan，控制用于采集数据的 AI Config 占用计算机内存的大小。

⑤ Interchannel delay——扫描间隔设置。默认值为 -1，当选用默认值时，系统按照采集卡的最高扫描速率（一般为几微秒），再加上系统消耗 $10~\mu m$，来设置扫描间隔，对 MIO-16-E-4 卡来说，约为 $14~\mu m$。用户也可以自行设置这个值，实验表明，对 MIO-16-E-4 卡最小可设到 $2\sim3~\mu m$。

（2）AI Start 启动带缓冲的模入操作。它控制数据采集速率、采集点的数目，及使用任何硬件触发的选择。它的两个重要输入是：

① Scan rate(scan/sec)——对每个通道采集的每秒扫描次数。

② Number of scans to acquire——对通道列表的扫描次数。

（3）AI Read 从被 AI Config 分配的缓冲读取数据。它能够控制由缓冲读取的点数，读取数据在缓冲中的位置，以及是否返回二进制数或标度的电压数。它的输出是一个二维数组，其中每一列数据对应于通道列表中的一个通道。

（4）AI Single Scan 返回一个扫描数据。它的电压数据输出是由通道列表中的每个通道读出的电压数据。使用这个 VI 仅与 AI Config 有关联，不需要 AI Start 和 AI Read。

（5）AI Clear 清除模拟输入操作计算机中分配的缓冲，释放所有数据采集卡的资源，例如计数器。

当我们设置一个模拟输入应用时，首先使用的 VI 总是 AI Config。AI Config 会产生一个 taskID 和 Error cluster(出错信息簇)。所有别的模入 VI 接受这个 taskID 以识别操作的设备和通道，并且在操作完成后输出一个 taskID。因为 taskID 是一个输入并向另一个模入 VI 输出，所以该参数形成了采集 VI 之间的一个关联数据。

Buffer 的设置和使用：连续采集时通常需要 Buffer。面板上有 3 个与 Buffer 有关的对象。其一是 Buffer Size(单位：scan 的个数)，这是它的大小；其二是 Scans to Read at a time，即每一次从 Buffer 中读走的 scan 的个数；其三是 Scan Backlog，这里显示在 Buffer 中积压的 scan 个数。这个数的大小取决于系统的运行速度。只要这里显示一个大于 Buffer Size 的数，系统将出错，中断运行。

这里使用的是一种称为循环 Buffer 的机制。其原理如下：在往缓冲区中放数据的同时可以读取缓冲区中已放的数据，当缓冲区满时，从缓冲区开始处重新存放新的数据，只要放数据和取数据的速度配合好，就可以实现用一块有限的存储区来进行连续的数据传送。使用循环缓冲区，可以在采集设备在后台连续进行采集的同时，LabVIEW 在两次读取缓冲区数据的时间间隔里对数据进行处理。循环缓冲区存取数据说明如图 6.22 所示。

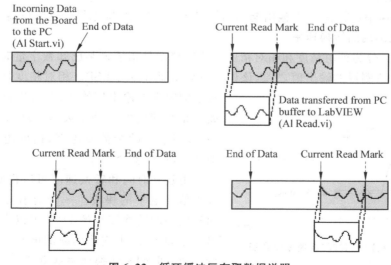

图 6.22 循环缓冲区存取数据说明

程序读取数据的速度要不慢于采集设备往缓冲区中放数据的速度,才能保证连续运行时缓冲区中的数据不会溢出,不会丢数据。如果程序取数据的速度快于放数据的速度,LabVIEW 会等待数据放好后再读取。如果程序读取数据的速度慢于放数据的速度,LabVIEW 则发送一个错误信息,告诉用户有一些数据可能被覆盖并丢失。可以通过调整三个参数来解决这个问题:input buffer size、scan rate 和 number of scans to read at a time。增大 input buffer size 可以延长填满缓冲区的时间,但是这不能根本上解决连续采集过程中数据被覆盖的问题,要根本解决这个问题,需要减小 scan rate 或者增大 number of scans to read at a time。number of scans to read at a time 一般设置为一个小于缓冲区大小的值,缓冲区大小一般设置为 scan rate 的两倍。具体的设置需要通过测试整个采集程序运行的情况来确定。可以通过查看输出端的 scan backlog 的大小判断缓冲中数据会不会被覆盖,scan backlog 被定义为从采集缓存中采集到而不是读到的扫描个数,是衡量系统是否跟得上连续采集数据的一个量度。如果 scan backlog 的数值一直在上升则表明从缓存中读数据的速度不够快并且最终会丢失数据,如果丢失数据,AI Read VI 将会给出错误提示。

6.3　模　拟　输　出

6.3.1　模拟输出参数

多功能的数据采集卡用数/模转换器(D/A)将数字信号转换成模拟信号,D/A 的有关参数有范围(range)、分辨率(resolution)、单调性(monotonicity)、线性误差(linearity error)、建立时间(settling time)、转换速率(slew rate)、精度(accuracy)等。下面对部分参数做一些解释。

(1) 建立时间:是指变化量为满刻度时,达到终值 1/2 LSB 时所需的时间。这个参数反映 D/A 的 D/A 转换从一个稳态值到另一个稳态值的过渡过程的长短。建立时间一般为几十纳秒至几微秒。

(2) 转换速率:是指 D/A 输出能达到的最大变化速率,即电平变化除以转换所用时间,通常指电压范围内的转换速率。

(3) 精度:分为绝对精度和相对精度。绝对精度是指输入某已知数字量时其理论输出模拟值和实际所测得的输出值之差,该误差一般应低于 1/2 LSB。相对精度是绝对精度相对于额定满度输出值的比值,可用偏差多少 LSB 或者相对满度的百分比表示。D/A 的分辨率越高,数字电平的个数就越多,精度越高。D/A 范围增大,精度就会下降。

由建立时间和转换速度可以得到 D/A 转换输出信号电平的快慢。一个有着更小的建立时间和更高的转换速率的 D/A 可以产生更高的输出信号频率,因为它达到新的电平所需的时间更少。建立时间和转换速率示意图如图 6.23 所示。

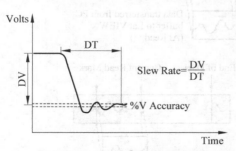

图 6.23　建立时间和转换速率示意图

6.3.2 简易模拟输出

与简易模拟输入类似,这里也提供了 4 个模块,分别对应于单(多)通道输出波形或电压数据。

【例 6.3】 产生一个模拟输出电平。

前面板及框图如图 6.24 所示。运行该程序,可以看到表的输出将指示 3。这个指示并非模拟输出,为了看到模拟输出,可以使用一块数字万用表直接测量 DAC0 OUT。可以发现万用表的指示一直维持在 3 V。

图 6.24 模拟输出电压前面板及程序框图

【例 6.4】 产生一个模拟输出波形。

前面板及框图如图 6.25 所示。框图中我们首先产生一个正弦波形(其初相位可控),然后将它送给模出,同时连接到一个 Graph 显示。运行该程序,可以使用一块数字万用表的直流电压挡直接测量 DAC0 OUT。可以发现当初相位为 0 时,万用表的指示是 0,当初相位为 90°时,万用表的指示是 1。这表明该程序输出的不是一个连续不断的波形,仅仅是一个或若干个整周期的波形。模拟输出模块在结束操作后并没有清 0 复位,一直维持在最后一刻的电平上。如果希望产生一个连续不断的波形,需要使用较复杂的中级函数模块。

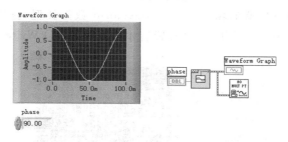

图 6.25 模拟输出波形前面板及程序框图

6.3.3 中级模拟输出

中级模拟输出节点如图 6.26 所示。

图 6.26 中级模拟输出节点

(1) AO Config 对指定的通道设置模拟输出操作,包括硬件、计算机内 buffer 的分配。常用的端子有:

① Device——采集卡的设备号。

② Channel——指定模拟输出通道号的串数组。

③ Limit settings——指定输出信号的范围。

④ taskID——用于所有后来的模拟输出 VI 以规定操作的设备和通道。

（2）AO Write　以电压数据的方式写数据到模拟输出数据缓冲区。它是一个二维数组，其中每一列数据对应于通道列表中的一个通道。注意：通常其他函数为其准备的波形数据是一个一维数组，且数据分布在一行中，这里需要将其"虚扩"为二维数组，并作一次转置。

（3）AO Start　启动带缓冲的模拟输出操作。Update rate(scan/sec)是每秒发生的更新数的个数。如果我们将 0 写入 Number of buffer iiterations 端子，则将连续输出给缓冲，直到运行 AO Clear 功能。

（4）AO Wait　在返回之前一直等待直到波形发生任务完成。它的电压数据输出是由通道列表中的每个通道读出的电压数据。使用这个 VI 仅与 AO Config 有关联，不需要 AO Start 和 AO Read。

（5）AO Clear　清除模拟输出操作、计算机中分配的缓冲，释放所有数据采集卡的资源，例如计数器。

当设置一个模拟输出应用时，首先使用的 VI 总是 AO Config。AO Config 会产生一个 taskID 和 Error cluster（出错信息簇）。所有别的模拟输出 VI 接受这个 taskID 以识别操作的设备和通道，并且在操作完成后输出一个 taskID。该参数形成了采集 VI 之间的一个关联数据。

【例 6.5】 产生一个连续的正弦信号。

前面板及框图如图 6.27 所示。框图中需要说明以下几点：由于 AO Write 要求输入数据的要求，这里正弦波发生器的输出是一个 waveform 数据类型，首先将其中的 Y 数据提出，然后将它扩充为一个二维数组，再经转置后才可连接到 AO Write。

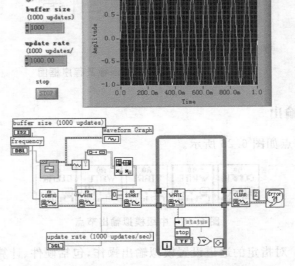

图 6.27　产生连续正弦信号的前面板及程序框图

在 AO Config 中主要是设置了 Buffer,这对于连续输出是必须的,其他都选默认值。Buffer 的大小有时需要经过调试,过大或过小都可能导致不能正常工作。

本 章 小 结

采样频率:假设现在对一个模拟信号 $x(t)$ 每隔 Δt 时间采样一次。时间间隔 Δt 被称为采样间隔或者采样周期,它的倒数 $1/\Delta t$ 称为采样频率。

奈奎斯特频率:根据采样定理,最低采样频率必须是信号频率的两倍。反过来说,如果给定了采样频率,那么能够正确显示信号而不发生畸变的最大频率叫做奈奎斯特频率。低于奈奎斯特频率的信号可以被正确采样。

混频偏差＝ABS(采样频率的最近整数倍－输入频率)

数据采集系统的构成:信号、板卡、驱动、LabVIEW 程序、相关硬件。

输入信号类型:信号分为模拟信号和数字信号。数字信号分为开关信号和脉冲信号。模拟信号可分为直流、时域、频域信号。

按信号的连接方式分为:接地信号、浮动信号。

测量系统分类:差分测量系统、单端参考地测量系统、无参考地单端测量系统。

信号调理:放大、滤波、隔离、激励、线性化、数字信号处理。

模拟输入:模拟输入参数、简易模拟输入、中级模拟输入。

模拟输出:模拟输出参数、简易模拟输出、中级模拟输出。

习 题

6.1 数据采集过程中的采样频率、抗混叠是什么含义?

6.2 数据采集系统的组成包括哪几部分?

6.3 数据采集卡的功能有哪些?

6.4 编写一个 LabVIEW 程序,实现电压信号的采集。以连续方式读取电压测量值,并以数值和曲线的形式显示电压测量值的变化。当测量电压大于或小于设定上限值或下限值时,程序画面中相应指示灯变换颜色。

上 机 实 验

实验目的

了解数据采集卡工作的基本过程;会使用数据采集的相关节点进行编程;能正确采集电压信号并实时显示;会灵活配置设备、通道、增益等相关节点参数。

实验内容一

采集并显示一个模拟信号波形。设置数据采集的设备号、通道、采样数及每秒采样,参考程序如图 6.28 所示。

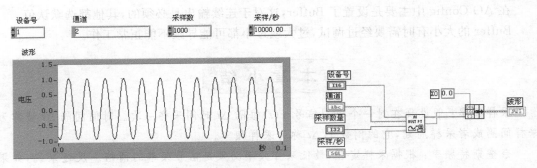

图 6.28　模拟信号采集前面板与程序框图

实验内容二

输出一个模拟电压信号,并且用数据采集卡再次采集该信号。以 0.5 V 的间隔从 0～9.5 V 输出电压,再编制 VI 程序进行单点模拟输入电压测量,验证上述输出电压。参考程序如图 6.29 所示。

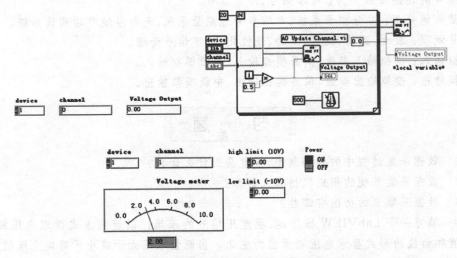

图 6.29　模拟信号输出前面板与程序框图

信号处理与分析

第 7 章

本章知识脉络图

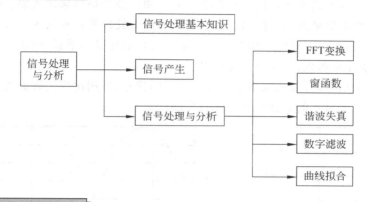

学习目标及重点

◇ 了解信号处理的基本概念。

◇ 重点掌握信号生成方法。

◇ 掌握信号的时域分析方法。

◇ 掌握信号的频域分析方法。

◇ 理解各种常用信号的变换方法。

7.1 概　　述

　　LabVIEW 的软件库包括数值分析、信号处理、曲线拟合以及其他软件分析功能。该软件库是建立虚拟仪器系统的重要工具,除了具有数学处理功能外,还具有专为仪器工业设计的独特的信号处理与测量功能。

　　LabVIEW 尤其适合数字信号处理,主要优势有:

　　(1) 具有良好的图形显示功能,能够以多样化的方式直观显示各种信号波形。

　　(2) 图形化的编程方式,学习门槛较低,易于掌握,省去了许多烦琐的编程细节。

　　(3) 拥有数量众多、功能齐全的各种信号分析与处理 VI,供用户随意调用。

（4）具有良好的扩展性，可以通过附加工具包扩展，以及与其他平台扩展。

数字信号在我们的生活中无所不在。因为数字信号具有高保真、低噪声和便于信号处理的优点，所以得到了广泛的应用。例如电话公司使用数字信号传输语音，广播、电视和高保真音响系统也都在逐渐数字化；太空中的卫星将测得数据以数字信号的形式发送到地面接收站；对遥远星球和外部空间拍摄的照片也采用数字方法处理，去除干扰，获得有用的信息；经济数据、人口普查结果、股票市场价格都可以采用数字信号的形式获得。因为数字信号处理具有如此多的优点，因此在用计算机对模拟信号进行处理之前也常把它们先转换成数字信号。

本章将介绍信号处理的基本知识，并介绍由上百个数字信号处理和分析的 VI 构成的 LabVIEW 分析软件库。

目前，对于实时分析系统，高速浮点运算和数字信号处理已经变得越来越重要。这些系统被广泛应用到生物医学数据处理、语音识别、数字音频和图像处理等各种领域。我们无法从刚刚采集的数据立刻得到有用的信息，如图 7.1 所示。必须消除噪声干扰、纠正设备故障而破坏的数据，或者补偿环境影响，如温度和湿度等。

通过分析和处理数字信号，可以从噪声中分离出有用的信息，并用比原始数据更全面的表格显示这些信息。图 7.2 显示的是经过处理的数据曲线。

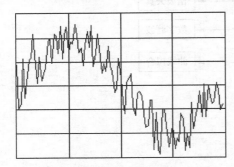

图 7.1　含噪声的信号

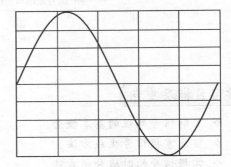

图 7.2　不含噪声的信号

用于测量的虚拟仪器（VI）执行的典型的测量任务有：

（1）计算信号中存在的总的谐波失真。

（2）计算信号的幅频特性和相频特性。

（3）估计信号中含有的交流成分和直流成分。

以前，这些计算工作需要通过特定的实验工作台来进行，而用于测量的虚拟仪器可以使这些测量工作通过 LabVIEW 程序语言在台式机上进行。这些用于测量的虚拟仪器是建立在数据采集和数字信号处理基础之上的，有如下特性：

（1）输入的时域信号被假定为实数值。

（2）输出数据中包含大小、相位，并且用合适的单位进行了刻度，可用来直接进行图形的绘制。

（3）需要时可以使用窗函数，窗是经过刻度的，因此每个窗提供相同的频谱幅度峰值，可以精确地限制信号的幅值。

一般情况下，可以将数据采集 VI 的输出直接连接到测量 VI 的输入端。测量 VI 的输出又可以连接到绘图 VI 以得到可视化显示。

有些测量 VI 用来进行时域到频域的转换,例如计算幅频特性和相频特性、功率谱等。另一些测量 VI 可以刻度时域窗和对功率和频率进行估算。信号处理选板如图 7.3 所示。

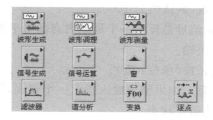

图 7.3　信号处理选板示意图

7.2　信号的产生

典型数字信号的生成是数字信号处理中首先遇到的问题,准确快捷地产生符合所需参数的信号波形,是准确进行后续分析和处理的基础。

本节将介绍怎样产生标准频率的信号,以及怎样创建模拟函数发生器;还将学习怎样使用分析库中的信号发生 VI 产生各种类型的信号。信号产生的应用主要有:

(1) 当无法获得实际信号时(例如没有数据采集板卡来获得实际信号或者受限制无法访问实际信号),信号发生功能可以产生模拟信号用来测试程序。

(2) 产生用于 D/A 转换的信号。

在 LabVIEW 中提供了波形函数,为制作函数发生器提供了方便。以函数→信号处理→波形生成中的基本函数发生器为例,其图标如图 7.4 所示。

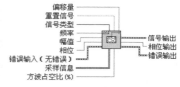

图 7.4　基本函数发生器图标

基本函数发生器的功能是建立一个输出波形,该波形类型有:正弦波、三角波、锯齿波和方波。这个 VI 会记住产生前一波形的时间标志并且由此点开始使时间标志连续增长。它的输入参数有波形信号类型、起始相位、波形频率(单位:Hz)等。具体参数说明如下:

(1) 偏移量:波形的直流偏移量,默认值为 0.0。数据类型 DBL。

(2) 信号重置:将波形相位重置为相位控制值且将时间标志置为 0。默认值为 False。

(3) 信号类型:产生的波形的类型,默认值为正弦波。

(4) 频率:波形频率(单位:Hz),默认值为 10。

(5) 幅值:波形幅值,也称为峰值电压,默认值为 1.0。

(6) 相位:波形的初始相位(单位:度)默认值为 0.0。

(7) 错误输入:在该 VI 运行之前描述错误环境。默认值为无错误,如果一个错误已经发生,该 VI 在错误输出端返回错误代码。该 VI 仅在无错误时正常运行。错误簇包含如下参数。

① 状态:默认值为 False,发生错误时变为 True。

② 代码:错误代码,默认值为 0。

③ 源：在大多数情况下是产生错误的 VI 或函数的名称，默认值为一个空串。

（8）采样信息：一个包括采样信息的簇。共有 Fs 和采样数两个参数。

① Fs：采样率，单位是样本数/秒，默认值为 1000。

② 采样数：波形的样本数，默认值为 1000。

（9）方波占空比：对方波信号是反映一个周期内高低电平所占的比例，默认值为 50%。

（10）信号输出：信号输出端。

（11）相位输出：波形的相位（单位：度）。

（12）错误输出：错误信息。如果错误输入指示一个错误，错误输出包含同样的错误信息；否则，它描述该 VI 引起的错误状态。

使用该 VI 制作的函数发生器前面板及程序框图如图 7.5 所示，由程序框图可以看出，其中没有附加任何其他部件。

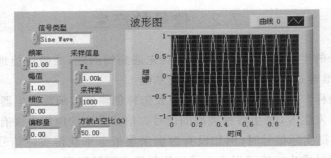

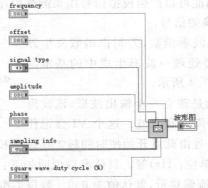

图 7.5 函数发生器前面板及程序框图

7.3 标 准 频 率

在模拟状态下，信号频率以 Hz 或者每秒周期数为单位。但是在数字系统中，通常使用数字频率，它是模拟频率和采样频率的比值，表达式如下：

$$数字频率 = 模拟频率 \div 采样频率$$

这种数字频率被称为标准频率，单位是周期数/采样点。

有些信号发生 VI 使用输入频率控制量，它的单位和标准频率的单位相同：周期数/每个采样点，范围从 0 到 1，对应实际频率中的 0 到采样频率 f_s 的全部频率。它还以 1.0 为周

期,从而令标准频率中的 1.1 与 0.1 相等。例如某个信号的采样频率是奈奎斯特频率
($f_s/2$),就表示每半个周期采样一次(也就是每个周期采样两次)。与之对应的标准频率是
1/2 周期数/采样点,也就是 0.5 周期数/采样点。标准频率的倒数 $1/f$ 表示一个周期内采
样的次数。

如果用户所使用的 VI 需要以标准频率作为输入,就必须把频率单位转换为标准单位:
周期数/采样点。

7.4 信号处理

7.4.1 FFT 变换

信号的时域显示(采样点的幅值)可以通过离散傅里叶变换(DFT)的方法转换为频域
显示。为了快速计算 DFT,通常采用一种快速傅里叶变换(FFT)的方法。当信号的采样点
数是 2 的幂时,就可以采用这种方法。

FFT 的输出都是双边的,它同时显示了正负频率的信息。通过只使用一半 FFT 输出
采样点转换成单边 FFT。FFT 的采样点之间的频率间隔是 f_s/N,其中 f_s 为采样频率。

计算每个 FFT 显示的频率分量的能量的方法是对频率分量的幅值平方。谱分析库中
功率谱 VI 可以自动计算能量频谱。功率谱 VI 的输出单位是 Vrms²。但是能量频谱不能
提供任何相位信息。

FFT 和能量频谱可以用于测量静止或者动态信号的频率信息。FFT 提供了信号在整
个采样期间的平均频率信息。因此,FFT 主要用于固定信号的分析(即信号在采样期间的
频率变化不大)或者只需要求取每个频率分量的平均能量。

【例 7.1】 傅里叶变换。

(1)绘制前面板界面,如图 7.6 所示。

(2)流程图中的数组大小函数用来根据样本数转换 FFT 的输出,得到频率分量的正确
幅值,流程图如图 7.7 所示。

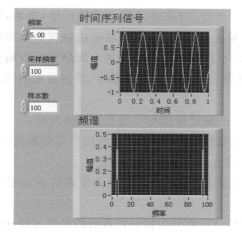

图 7.6 前面板示意图

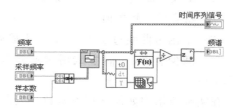

图 7.7 双边变化程序框图示意图

（3）将该 VI 保存。

（4）选择频率（Hz）＝5，采样率＝100，样本数＝100。执行该 VI。注意这时的时域图和频谱图。因为采样率＝样本数＝100，所以时域图中的正弦波的周期数与选择的频率相等，即可以显示 5 个周期。如果把频率改成 10，那么就会显示 10 个周期。

（5）检查频谱图可以看到有两个波峰，一个位于 5 Hz，另一个位于 95 Hz，95 Hz 处的波峰实际上是 5 Hz 处的波峰的负值。因为图形同时显示了正负频率，所以称为双边 FFT。

因为 $f_s＝100$ Hz，所以只能采样频率低于 50 Hz 的信号（奈奎斯特频率＝$f_s/2$）。

（6）把频率修改为 48 Hz，可以看到频谱图的波峰位于 ±48 Hz。

（7）把频率改为 52 Hz，观察这时产生的图形与第（5）步产生的图形的区别。因为 52 Hz 大于奈奎斯特频率，所以混频偏差等于 $|100-52|＝48$ Hz。

（8）把频率改成 30 Hz 和 70 Hz，执行该 VI。观察这两种情况下的图形是否相同。

按照图 7.8 修改流程图。由前文已经知道因为 FFT 含有正负频率的信息，所以 FFT 具有重复信息。现在这样修改之后只显示一半的 FFT 采样点（正频率部分），这样的方法叫做单边 FFT。单边 FFT 只显示正频率部分。注意要把正频分量的幅值乘以 2 才能得到正确的幅值。但是，直流分量保持不变。

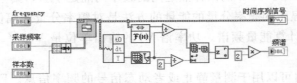

图 7.8　单边变换程序框图示意图

（9）设置频率（Hz）＝30，采样率＝100，样本数＝100，运行该 VI。

（10）保存该 VI。

（11）把频率改为 70 Hz，执行该 VI，观察这时产生的图形。

7.4.2　窗函数

计算机只能处理有限长度的信号，原信号 $x(t)$ 要以 T（采样时间或采样长度）截断，即有限化。有限化也称为加"矩形窗"。矩形窗将信号突然截断，这在频域造成很宽的附加频率成分，这些附加频率成分在原信号 $x(t)$ 中其实是不存在的。一般将这一问题称为有限化带来的泄露问题。泄露使得原来集中在 f_0 上的能量分散到全部频率轴上，泄露带来的问题如下：

（1）使频率曲线产生许多"皱纹"（ripple），较大的皱纹可能与小的共振峰值混淆；

（2）如信号为两幅值一大一小频率很接近的正弦波合成，幅值较小的信号可能被淹没；

（3）f_0 附近曲线过于平缓，无法准确确定 f_0 的值。

为了减少泄露，人们尝试用过渡较为缓慢的、非矩形的窗口函数。常用的窗函数如表 7.1 所示。

在实际应用中如何选择窗函数一般说来要仔细分析信号的特征以及我们最终希望达到的目的，并经反复调试。窗函数有利有弊，使用不当会带来坏处。使用窗函数的原因很多，例如：规定测量的持续时间；减少频谱泄漏；从频率接近的信号中分离出幅值不同的信号。

表 7.1 不同窗函数对照表

窗	定 义	应 用
矩形窗(无窗)	W[n]＝1.0	区分频域和振幅接近的信号瞬时信号宽度小于窗
指数形窗	W[n]＝exp[n＊lnf/N－1] f＝终值	瞬时信号宽度大于窗
海宁窗	W[n]＝0.5cos(2nπ/N)	瞬时信号宽度大于窗,普通目的的应用
海明窗	W[n]＝0.54－0.46cos(2nπ/N)	声音处理
平顶窗	W[n]＝0.281 063 9－0.520 897 2cos(2nπ/N) ＋0.198 039 9cos(2nπ/N)	分析无精确参照物且要求精确测量的信号

【例 7.2】 从频率接近的信号中分离出幅值不同的信号。

正弦波 1 与正弦波 2 频率较接近,但幅值相差 1000 倍,相加后产生的信号变换到频域,如果在 FFT 之前不加窗,则频域特性中幅值较小的信号被淹没。加 Hanning 窗后两个频率成分都被检出。信号分析前面板如图 7.9 所示。

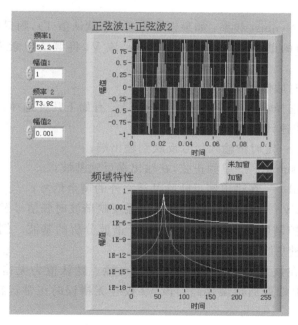

图 7.9 信号分析前面板

7.4.3 谐波失真

当一个含有单一频率(比如 f_1)的信号 $x(t)$ 通过一个非线性系统时,系统的输出不仅包含输入信号的频率(f_1),而且包含谐波分量($f_2＝2f_1$,$f_3＝3f_1$,$f_4＝4f_1$,等等),谐波的数量以及它们对应的幅值大小取决于系统的非线性程度。电网中的谐波是一个值得关注的问题。

下面的一个非线性系统的例子是输出 $y(t)$ 是输入 $x(t)$ 的立方。假如输入信号

$$x(t) = \cos(wt) \tag{7-1}$$

则输出

$$x^3(t) = 0.5\cos(wt) + 0.25[\cos(wt) + \cos(3wt)] \tag{7-2}$$

因此,输出不仅含有基波频率 w,而且还有三次谐波的频率 $3w$。

为了确定一个系统引入非线性失真的大小,需要得到系统引入的谐波分量的幅值和基波的幅值的关系。谐波失真是谐波分量的幅值和基波幅值的相对量。假如基波的幅值是 A_1,而二次谐波的幅值是 A_2,三次谐波的幅值是 A_3,四次谐波的幅值是 A_4,$\cdots$,N 次谐波的幅值是 A_N,总的谐波失真(THD)为

$$THD = \frac{\sqrt{A_2^2 + A_3^2 + \cdots + A_N^2}}{A_1} \tag{7-3}$$

LabVIEW 提供的谐波失真分析如图 7.10 所示。

该 VI 对输入信号进行完整的谐波分析,包括测定基波和谐波,返回基波频率和所有的谐波幅度电平,以及总的谐波失真度(THD)。其部分参数含义如下:

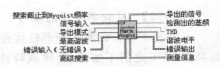

图 7.10 谐波失真分析

(1) 搜索截止到 Nyquist 频率:如果设置为 True(默认值 T),则只包含低于 Nyquist 频率(采样频率的一半)的谐波。如果设置为 False,该 VI 将继续搜索 Nyquist 范围之外的频率。

(2) 信号输入:时域信号输入。

(3) 导出模式:选择输出到信号指示器的信号。有如下几种选择:

① none——最快速计算;

② input signal——定时将输入信号反映到输出端;

③ fundamental signal——单频正弦,在输出端反映基波;

④ residual signal——在输出端反映除基波之外的剩余信号;

⑤ harmonics only——已探测谐波,在输出端反映谐波时域信号及其频谱。

(4) 最高谐波:控制最高谐波成分,包括用于谐波分析的基波。例如,对于 3 次谐波分析,该控制将设置测量基波、2 次谐波和 3 次谐波。

(5) 错误输入:在该 VI 运行之前描述错误环境。默认值为无错误,如果一个错误发生,该 VI 在错误输出端返回错误代码。该 VI 仅在无错误时正常运行。错误簇包含如下参数。

① 状态:默认值为 False,发生错误时变为 True。

② 代码:错误代码,默认值为 0。

③ 源:在大多数情况下是产生错误的 VI 或函数的名称,默认值为一个空串。

(6) 高级搜索:控制频域搜索区域、中心频率及频带宽度。该功能用来确定信号的基波。

(7) 导出的信号:包含输出的时域信号及其频谱供选择。

(8) 检测出的基频:探测在频域搜索得到的基波。用高级搜索设置频率搜索范围。所有谐波频率为基波的整数倍。

(9) THD:总谐波失真度,它定义为谐波 RMS 之和与基波幅值之比。为了折算为百分

数,需要乘以 100。

（10）谐波电平：测量谐波幅值的电平（单位：伏），是一个数组。该数组索引包括 0(DC),1(基波),2(2 次谐波),…,n(n 次谐波),直到最高谐波成分。

（11）测量信息：任何处理期间遭遇的预告。

① uncertainty——备用。

② warning——如果处理期间警告发生为 True。

③ comments——当 warning 为 True 时的消息内容。

【例 7.3】　谐波分析实例。

模拟信号,经数据采集后进行谐波分析。先后分析了两个信号,首先是一个 761 Hz 的正弦信号,第二个信号是一个 1000 Hz 的。分析仅限于不高于 5 次的谐波。分析结果见两个前面板（图 7.11 及图 7.12）。对一个实际的正弦信号,谐波失真总量（THD）与基波电平相比可以忽略;对方波 THD 就较大了。

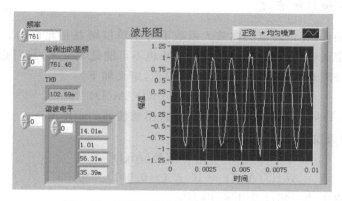

图 7.11　正弦波谐波分析应用的前面板图

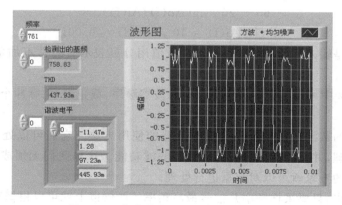

图 7.12　方波谐波分析应用的前面板图

7.4.4　数字滤波

数字滤波器用于改变或消除不需要的波形,它是应用最广泛的信号处理工具之一。两种数字滤波器分别是 FIR（有限脉冲响应）和 IIR（无限脉冲响应）滤波器。FIR 滤波器可以看成一般移动平均值,它也可以被设计成线性相位滤波器。IIR 滤波器有很好的幅值响应,但是无线性相位响应。

1. 带通、带阻与过渡带宽

(1) 带通指的是滤波器的某一设定的频率范围,在这个频率范围的波形可以以最小的失真通过滤波器。通常,这个带通范围内的波形幅度既不增大也不缩小,我们称它为单位增益(0 dB)。

(2) 带阻指的是滤波器使某一频率范围的波形不能通过。

理想情况下,数字滤波器有单位增益的带通,完全不能通过的带阻,并且从带通到带阻的过滤带宽为零。在实际情况下,则不能满足上述条件。特别是从带通到带阻总有一个过渡过程,一些情况下,使用者应精确说明过渡带宽。

2. 带通纹波和带阻衰减

在有些应用场合,在带通范围内放大系数不等于单位增益是允许的。这种带通范围内的增益变化叫做带通纹波。另一方面,带阻衰减也不可能是无穷大,我们必须定义一个满意值。带通纹波和带阻衰减都是以分贝(dB)为单位,定义如下:

$$dB = 20 \times \lg(Ao(f)/Ai(f)) \tag{7-4}$$

式中,Ao(f) 和 Ai(f) 是某个频率等于 f 的信号进出滤波器的幅度值。

例如,假设带通纹波为 −0.02 dB,则有

$$-0.02 = 20 \times \lg(Ao(f)/Ai(f)) \tag{7-5}$$

$$Ao(f)/Ai(f) = 10 \wedge (-0.001) = 0.9977 \tag{7-6}$$

可以看到,输入/输出波形幅度是几乎相同的。

假设带阻衰减等于 −60 dB,则有

$$-60 = 20 \times \lg(Ao(f)/Ai(f)) \tag{7-7}$$

$$Ao(f)/Ai(f) = 10 \wedge (-3) = 0.001 \tag{7-8}$$

输出幅值仅是输入幅值的千分之一。衰减值用分贝表示时经常不加负号,我们已经设定它为负值。

在 LabVIEW 中可以用数字滤波器控制滤波器顺序、截止频率、脉冲个数和阻带衰减等参数。

本节所涉及的数字滤波器都符合虚拟仪器的使用方法。它们可以处理所有的设计问题、计算、内存管理,并在内部执行实际的数字滤波功能。这样我们无须成为一个数字滤波器或者数字滤波的专家就可以对数据进行处理。

采样理论指出,只要采样频率是信号最高频率的两倍以上就可以根据离散的、等分的样本还原一个时域连续的信号。假设对信号以 Δt 为时间间隔进行采样,并且不丢失任何信息,参数 Δt 是采样间隔。

可以根据采样间隔计算出采样频率

$$f_s = \frac{1}{\Delta t} \tag{7-9}$$

根据上面的公式和采样理论可以知道,信号系统的最高频率可以表示为

$$f_{\text{Nyq}} = \frac{f_{\text{s}}}{2} \tag{7-10}$$

系统所能处理的最高频率是奈奎斯特频率。这同样适用于数字滤波器。例如,如果采样间隔是 0.001 s,那么采样频率是

$$f_{\text{s}} = 1000 \text{ Hz} \tag{7-11}$$

系统所能处理的最高频率是

$$f_{\text{Nyq}} = 500 \text{ Hz} \tag{7-12}$$

下面几种滤波操作都基于滤波器设计技术:

(1) 平滑窗口;

(2) 无限冲激响应(IIR)或者递归数字滤波器;

(3) 有限冲激响应(FIR)或者非递归数字滤波器;

(4) 非线性滤波器。

另外一种滤波器分类方法是根据它们的冲激响应的类型。滤波器对于输入的冲激信号 (x[0]=1,且对于所有 I<>0,x[i]=0)的响应叫做滤波器的冲激响应(impulse response),冲激响应的傅里叶变换称为滤波器的频率响应(frequency response)。根据滤波器的频率响应可以求出滤波器在不同频率下的输出。换句话说,根据它可以求出滤波器在不同频率时的增益值。对于理想滤波器,通频带的增益应当为 1,阻带的增益应当为 0。所以,通频带的所有频率都被输出,而阻带的所有频率都不被输出。

如果滤波器的冲激响应在一定时间之后衰减为 0,那么这个滤波器被称为有限冲激响应(FIR)滤波器。但是,如果冲激响应一直保持,那么这个滤波器被称为无限冲激响应滤波器(IIR)。冲激响应是否有限(即滤波器是 IIR 还是 FIR)取决于滤波器的输出的计算方法。

IIR 滤波器和 FIR 滤波器之间最基本的差别是:对于 IIR 滤波器,输出只取决于当前和以前的输入值;而对于 FIR 滤波器,输出不仅取决于当前和以前的输入值,还取决于以前的输出值。简单地说,FIR 滤波器需要使用递归算法。

IIR 滤波器的缺点是它的相位响应是非线性的。在不需要相位信息的情况下,例如简单的信号监控,那么 IIR 滤波器就符合需要。而对于那些需要线性相位响应的情况,应当使用 FIR 滤波器。但是,IIR 滤波器的递归性增大了它的设计与执行的难度。

因为滤波器的初始状态是 0(负指数是 0),所以在到达稳态之前会出现与滤波器阶数相对应的过渡过程。对于低通和高通滤波器,过渡过程或者延迟的持续时间等于滤波器的阶数。

可以通过启动静止内存消除连续调用中的过渡过程,方法是将 VI 的 init/cont 控制对象设置为 Ture(连续滤波)。

对数字滤波器的详细讨论不是本书的内容,读者可参阅有关数字信号处理的书籍。下面举一个简单的例子说明在 LabVIEW 中如何使用数字滤波器。

【例 7.4】　使用一个低通数字滤波器对方波信号滤波。

创建前面板和流程图如图 7.13、图 7.14 所示。

其中使用了一个数字滤波器模块。图 7.15 为该滤波器模块示意图。

(1) 滤波器类型。按下列值指定滤波器类型:

① 0:低通;

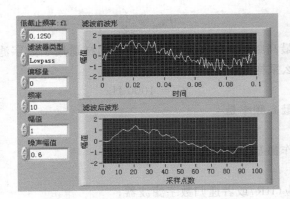

图 7.13　前面板示意图

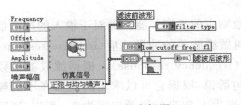

图 7.14　程序框图

图 7.15　**Butterworth** 滤波器 **VI** 示意图

② 1：高通；

③ 2：带通；

④ 3：带阻。

（2）X：需要滤波的信号序列。

（3）采样频率 fs：fs 是 X 的采样频率并且必须大于 0。默认值为 1.0 Hz。如采样频率 fs 不大于 0,VI 可设置滤波后的 X 为空数组并返回错误。

（4）高截止频率 fh：以 Hz 为单位,默认值为 0.45 Hz。如滤波器类型为 0(lowpass)或 1(highpass),VI 忽略该参数。滤波器类型为 2(bandpass)或 3(bandstop)时,高截止频率 fh 必须大于低截止频率 fl 并且满足 Nyquist 准则。

（5）低截止频率 fl：它必须满足 Nyquist 准则,即

$$0 \leqslant fl < 0.5 \ fs$$

如果该条件不满足则输出序列 Filtered X 为空并返回一个错误。fl 的默认值是 0.125。

（6）阶数：指定滤波器的阶数并且必须大于 0。默认值为 2。如果阶数小于等于 0,VI 可设置滤波后的 X 为空数组并返回错误。

（7）初始化/连续：内部状态的初始化控制。当其为 False(default)时,初态为 0;当 init/cont 为 True 时,滤波器初态为上一次调用该 VI 的最后状态。为了对一个大数据量的序列进行滤波,可以将其分割为较小的块,设置这个状态为 False 处理第一块数据,然后设置改为 True 继续对其余的数据块滤波。

（8）滤波后的 X：滤波样本的输出数组。

这里信号频率是 10 Hz,采到的波形一方面显示其波形,同时又送到滤波器的入口。滤波器类型设置为 Lowpass,默认值是 0.125 Hz。这样的一个 VI 运行结果如前面板所示。

7.4.5　曲线拟合

曲线拟合(curve fitting)的目的是找出一系列参数 a0,a1,…,通过这些参数最好地模拟实验结果。下列是 LabVIEW 的各种曲线拟合类型：

（1）线性拟合　把实验数据拟合为一条直线 y[i]＝a0＋a1 * X[i]

（2）指数拟合　把数据拟合为指数曲线 y[i]＝a0 * exp(al * X[i])

（3）多项式拟合　把数据拟合为多项式函数 y[i]＝a0＋a1 * X[I]＋a2 * X[i]^2…

（4）通用多项式拟合　与多项式拟合相同,但可以选择不同的算法,以获得更好的精度和准确性。

（5）通用线性拟合　公式为 y[i]＝a0＋a1 * f1(X[i])＋a2 * f2(X[i])…,这里 y[i] 是参数 a0,a1,a2,…的线性组合。通用线性拟合也可以选择不同的算法来提高精度和准确度。例如：y＝a0＋a1 * sin(X) 是一个线性拟合。因为 y 与参数 a0、a1 有着线性关系。

曲线拟合　从一组数据中提取曲线参数或者系数,以得到这组数据的函数表达式。曲线拟合的实际应用很广泛,例如消除测量噪声、填充丢失的采样点、插值、外推、数据的合成等。

【例 7.5】　对指数关系数据进行线性拟合。

这个例子假设收集了 10 对实验数据 t 和 y,我们有理由相信它们之间有线性关系。程序前面板和程序框图如图 7.16、图 7.17 所示。

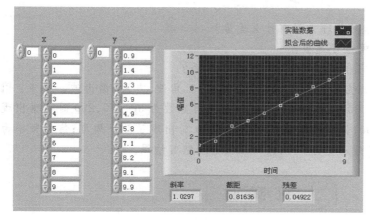

图 7.16　线性拟合前面板

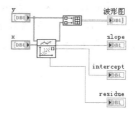

图 7.17　线性拟合程序框图

在本例中,把实验数据拟合为一条直线,求出系数 a 和 b,以满足 y[i]＝a＋b * t[i]；以及实验结果和拟合结果之间误差的均方根值。

运行该程序。曲线将显示实验数据和拟合结果。

一般来说,采集得到的数据大都需要经过适当的处理,其中包括滤波、曲线拟合等。

本　章　小　结

信号处理与分析包括如下内容：波形的生成、调理、测量；信号的生成与运算、窗函数；滤波、谱分析、变换等。

数字频率＝模拟频率/采样频率

这种数字频率被称为标准频率,单位是周期数/采样点。

FFT 变换:信号的时域显示可以通过离散傅里叶变换的方法转换为频域进行。为了快速计算 DFT,通常采用一种快速傅里叶变换(FFT)的方法。当信号的采样点数是 2 的幂时,就可以采用这种方法。

窗函数:为了减少泄露,人们尝试用过渡较为缓慢的、非矩形的窗口函数。

谐波失真:谐波失真是谐波分量的幅值和基波幅值的相对量。假如基波的幅值是 A_1,而二次谐波的幅值是 A_2,三次谐波的幅值是 A_3,四次谐波的幅值是 A_4,$\cdots$,N 次谐波的幅值是 A_N,总的谐波失真(THD)为

$$\text{THD} = \frac{\sqrt{A_2^2 + A_3^2 + \cdots + A_N^2}}{A_1}$$

数字滤波:数字滤波器用于改变或消除不需要的波形。包括带通滤波、带阻滤波、高通滤波、低通滤波等。

曲线拟合:曲线拟合的目的是找出一系列的参数 $a_0, a_1, \cdots$,通过这些参数最好地模拟实验结果。

习　题

7.1　LabVIEW 在数字信号处理方面有什么优势?

7.2　信号处理选板包括哪些子选板?

7.3　什么是标准频率? 它和模拟频率之间有什么关系?

7.4　用集成信号发生节点分别产生正弦波、余弦波、三角波、方波、锯齿波。要求:用"°"显示采样点;设信号频率为 60,采样频率为 1000,若采样点数为 50、150、250 时观察出现了几个周期;采样点数保持 100,信号频率分别为 10、20、40 时出现了几个周期;信号频率为 20,采样点数保持 100,采样率分别变为 500、1000、2000,理解其结果。

上 机 实 验

实验目的

认识 LabVIEW 频域分析模块,熟悉常用函数的使用,学习如何应用频域分析模块构建简单频谱分析仪。

实验内容一

计算一个信号的频谱分量。设置信号的幅值、相位、频率,设置信号的采样数及采样频率,通过分析绘制波形图及频谱图,参考程序如图 7.18 所示。

实验内容二

用数字滤波器消除不需要的频率分量。参考程序如图 7.19 所示。

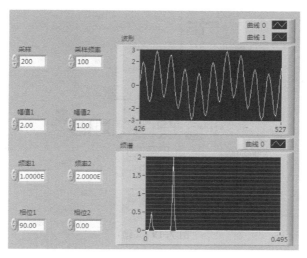

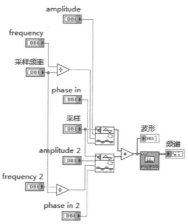

图 7.18　频谱分析前面板及程序框图

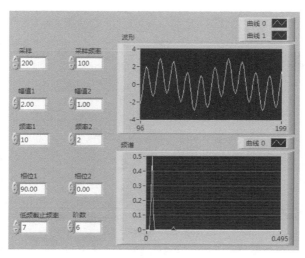

图 7.19　数字滤波前面板及程序框图

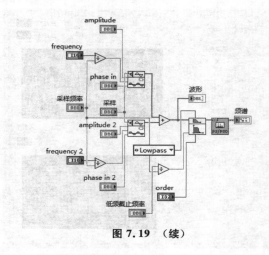

图 7.19 （续）

第 8 章

LabVIEW 界面的布局

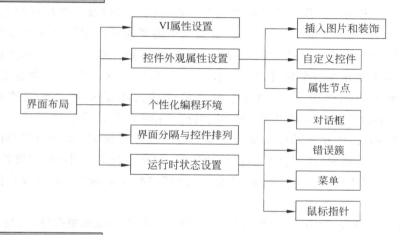

◇ 了解控件的分类和排列。

◇ 掌握控件外观的自定义方法。

◇ 掌握界面布局的修饰方法。

◇ 掌握插入图片和装饰的方法。

◇ 重点掌握 VI 属性的设置方法。

◇ 重点掌握设置个性化编程环境的方法。

LabVIEW 很重要的一个优势就是界面编辑的所见即所得。LabVIEW 前面板包含了大量形象逼真的控件,用户还可以创建自定义控件。前面板的窗口形式也可以以不同的方式显示以满足不同的需求。在用户交互方面,用户可以通过按钮、播放声音、对话框、菜单和键盘输入等多种方式与程序进行交互。

对于测试测量而言,需要尽量完善的开发应用程序,使之无论从界面上、功能上还是底层代码上都充满着美感。从这个角度说,程序员更像是一个艺术家,需要将感性和理性逻辑完美地结合起来。

8.1 控件的分类和排列

俗话说"人靠衣装，佛靠金装"，应用程序的显示界面是提供给使用者的第一印象，直接影响到应用程序的用户体验。因此，有效、合理的数据显示界面能够为程序增色不少。LabVIEW 提供了丰富的界面控件供开发者选择。本章主要从应用开发的角度描述一些通用的界面设计方法。

在 LabVIEW 中，控件通常分为控制型控件和显示型控件。而对某一个具体应用而言，更需要细分控制型控件和显示型控件，使具有同样功能的控件排放在一起，甚至组成若干个组。

LabVIEW 提供了一系列工具供程序员排列和分布控件的位置以及调整控件的大小，如图 8.1 所示。图 8.1(a)所示为排列对齐工具，根据其中的图标可以很清楚地知道各个按钮的作用。使用 Ctrl＋Shift＋A 组合键可以重复上一次的排列方式。图 8.1(b)所示为位置分布工具，可以快速地分布各个控件之间的位置。图 8.1(c)所示为大小调整工具，可以快速地调整多个不同控件的大小（注意：部分控件的大小是不允许被调整的）。图 8.1(d)所示为组合和叠放次序工具，"组"表示把当前选择的控件组合起来形成一个整体；"取消组合"与"组"相反，表示分散已经整合起来的各个控件；"锁定"表示锁定当前选择的控件，此时控件将无法被编辑（包括移动控件的位置，调整控件的大小等）；"解锁"指令表示把锁定解除；"向前移动"、"向后移动"、"移至前面"、"移至后面"表示修改当前选择控件的排放次序。

图 8.2 所示为某个测试界面的控件摆放实例，尽管这些控件都是显示型控件，但是仍然根据显示功能和内容的不同将控件进行了分类。如果将其中的信息不经过任何分类而直接摆放在一起，则缺乏良好的条理性和层次性。

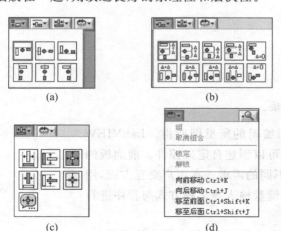

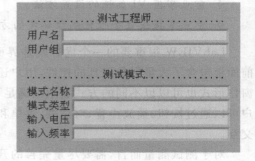

图 8.1　控件排列和分布工具　　　　　　图 8.2　控件摆放实例

在实际应用中，需要首先将控制型控件和显示型控件分开摆放；然后在控制型控件和显示型控件内部对控件按照功能进行分类，不同的类别之间以显著的标志进行区分；最后要合理安排控件的位置和分布,确保整个界面匀称和整洁。

8.2　颜色的使用

颜色在程序中的应用有多种功能,除了能够确保界面的丰富和完善之外,还能够重点区分不同控件的功能,强调某些控件的作用和位置。LabVIEW 提供了传统的取色工具和着色工具,如图 8.3 所示。取色工具是获取 LabVIEW 开发环境中某个点的颜色值(包括前景色和背景色),并将获取的颜色设置为当前的颜色;着色工具是将当前的颜色值(包括前景色和背景色)设置到某个控件上。

在使用着色工具时,按住 Ctrl 键可以将工具暂时切换成取色工具,松开 Ctrl 键后将返回着色工具。使用空格键可以快速地在前景色和背景色之间切换。着色工具板右上角的"T"表示透明色,可以单击该图标设定当前的颜色为透明色,如图 8.4 所示。此外,LabVIEW 还提供了一系列预定义的标准颜色供选择,其中系统的第一个颜色是 Windows 的标准界面颜色。

图 8.3　取色工具和着色工具

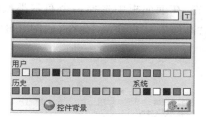

图 8.4　着色工具面板

LabVIEW 允许设置一个 VI 窗口的透明色,在 VI 属性对话框中选择窗口外观选项卡,单击自定义按钮将弹出如图 8.5 所示的对话框。选中"运行时透明显示窗口"复选框,并设置透明度(0~100%)。

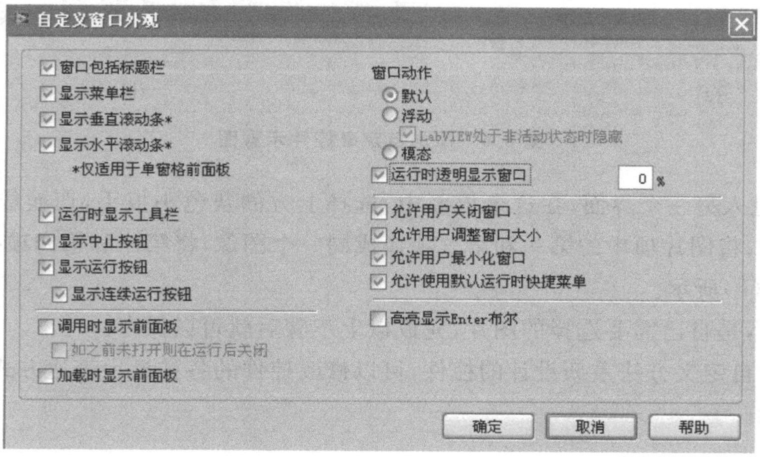

图 8.5　"自定义窗口外观"对话框

8.3 LabVIEW 控件外观

在 LabVIEW 中有三种不同外观的控件可供选择,分别是:新式、系统和经典。其中新式控件是 NI 专门为 LabVIEW 设计的具有 3D 效果的控件,它能够确保在不同操作系统下的显示效果始终是一样的;而系统是采用系统控件,它的外观与操作系统有关,不同操作系统下,控件的显示外观有所不同。大多数程序员似乎更愿意选择系统控件,理由是它可以让程序看起来不那么 LabVIEW 化。但是 LabVIEW 并不允许程序员任意自定义系统控件的外观,这同时也限制了系统控件的使用。

1. 自定义控件

LabVIEW 允许在现有控件的基础上重新定义控件的外观。在 LabVIEW 中使用的控件种类很有限,有时很难满足具体项目的制作,那么就需要一些极具个性化的控件。下面以虚拟汽车仪表盘为例,说明如何制作向左、向右的方向灯控件。

首先,在前面板中选择一个布尔类型的方形指示灯,然后右击控件,从弹出的快捷菜单中选择"高级"→"自定义"命令,如图 8.6(a)所示。

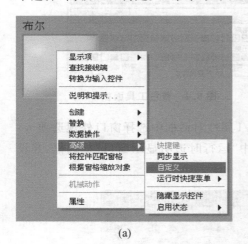

(a)

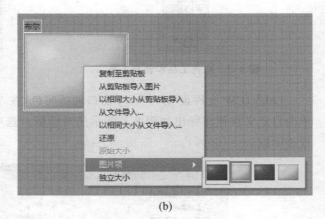

(b)

图 8.6 添加自定义控件示意图

这样将进入另一个界面,在这个界面中,选择上方的灰色小扳手,切换成自定义界面,然后右击控件,将图片项中的第一和第三项换成同一个图像,将第二和第四项换成同一个图片。如图 8.6(b)所示。

对于图片,是自己需要选择的图片,完成以上步骤后就可以保存。

使用控件自定义方法重新设计的控件,可以修改控件的各种显示表达方式,但是不能修改控件的功能。

2. 属性节点

属性节点可以通过编程进行设置或获取控件的属性,方法是右击控件,选择创建属性节点,根据需要进行相应选择。如在程序运行过程中,可以通过编程设置布尔控件的闪烁属性。

8.4　插入图片和装饰

　　程序中必要的图片不仅能够给用户直观的视觉感受,还有描述程序的作用。最简单的插入图片方法是:将准备好的图片直接拖入 VI 的前面板中或者使用 Ctrl ＋C/V 组合键粘贴到前面板中。当然,还可以使用 Picture 控件将图片动态地载入前面板中。当然,不能使用过量的图片。

　　此外,LabVIEW 还提供了一种自定义程序背景图的方式。新建一个 VI,在 VI 的垂直滚动条或水平滚动条上右击将弹出如图 8.7 所示的快捷菜单。

　　选择"属性"命令,将弹出如图 8.8 所示的"窗格属性"对话框。在左下方的背景区域中内置了部分图片供选择,用户也可以使用"浏览"按钮导入外部自定义的图片。

图 8.7　VI 前面板快捷菜单

　　注意:如果需要导入不规则的图片,可以将图片的部分背景色设置为透明并保存为 png 格式。

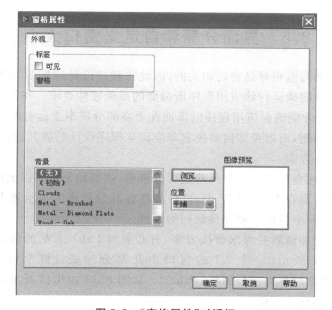

图 8.8　"窗格属性"对话框

　　在"控件"→"新式"→"修饰和控件"→"系统"中有一些装饰用控件,如图 8.9 所示,可以使用这些装饰控件为应用程序增色。

　　图 8.10 所示为采用修饰控件中的下凹框和加粗下凹盒控件设计的控件组合。

图 8.9 装饰控件选板

图 8.10 装饰控件实例

8.5 界面分隔和自定义窗口大小

控件的显示效果与监视器是密切相关的,因此在程序设计时需要考虑目标监视器的颜色、分辨率等因素,并明确运行该应用程序所需要的最低硬件要求。在很多的论坛中经常会遇到此类问题:如何才能确保应用程序的界面在更高的分辨率上运行时不会变形?这实际上是一个界面设计问题,而思考如何解决它却应该从程序设计时就开始,而不是等到程序设计完成后再探讨解决方案。

事实上,程序往往会规定一个最低的运行分辨率,达到此分辨率以上的显示器上应均能正确显示程序界面。而在 LabVIEW 中,控件往往在高分辨率的显示器上被拉大或留有部分空白,这样的界面完全扭曲了程序员最初的设计。

为使问题本质更加清晰并寻求解决方案,有必要对 LabVIEW 的前面板界面进行确认和分析。如图 8.11 所示,一个 VI 的窗口由几部分组成:整个区域称为一个窗口(Windows),而红色区域称为一个面板(Panel)。从图 8.11 中可以看出,窗口中的标题栏、菜单栏和工具栏并不属于面板。

LabVIEW 允许程序员将面板划分为若干个独立窗格(Pane)。使用"控件"→"新式"→"容器"选板中的垂直分隔栏和水平分隔栏(见图 8.12)可任意划分 VI 的面板。

划分后的 VI 前面板如图 8.13 所示,可以看出图中的面板(蓝色区域)已经被划分为了5 个窗格,每一个绿色区域都称为一个窗格。当面板上只有一个窗格时,面板与窗格会重合。因此,窗口包含整个界面,而一个窗口只有一个面板,该面板能够被划分为若干个独立窗格。每个窗格都包含其特有的属性和滚动条,而窗格之间使用分隔栏进行分隔。

图 8.11　VI 窗口区域定义示意图

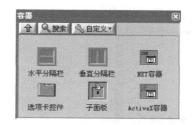

图 8.12　容器选板示意图

在分隔栏上右击可以设置分隔栏的相关属性,如图 8.14 所示。"已锁定"属性可以设置分隔栏是否被锁定,选择"已锁定"命令,其前出现"对号",此时表示分隔栏已经锁定,被锁定的分隔栏的位置将无法被移动。与控件类似,LabVIEW 提供了三种分隔栏样式:新式、系统和经典。程序员可以使用着色工具设置新式和经典分隔栏的颜色,使用手形工具调整分隔栏的位置以及使用选择工具调整分隔栏的大小。

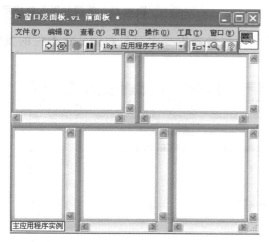

图 8.13　划分后的 VI 窗口示意图

图 8.14　分隔栏右键快捷菜单

因此,在程序开始设计的初级阶段就有必要设计界面的大致控件布局和分布,以明确界面在不同分辨率下的调整方式。如果界面控件过多,则可以通过其他方式规避(比如对话框等),确保界面的大小调整不会影响控件布局的变化。

【例 8.1】　标准的 Windows 测试界面设计。

首先,需要根据程序的功能划分 VI 的面板,并决定将其分为多少个窗格。图 8.15 显示出界面被分为 8 个窗格,依次为:工具栏、帮助栏、测试信息栏、波形采集栏、登录人员栏、说明栏、测试内容栏和测试时间栏。

其次,在状态栏的四个区域中分别加入一个 String 型显示控件,并且选中显示型控件的右键快捷菜单选项"将控件匹配窗格",也就是说当窗格变化时,字符串的大小也随之发生改变,以确保字符串控件能够填充整个窗格,如图8.16所示。

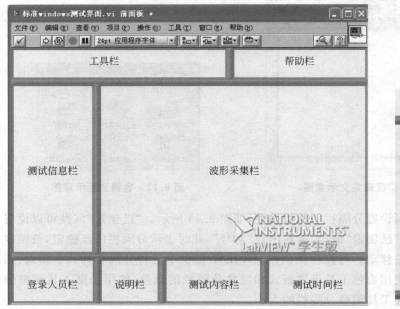

图 8.15　划分面板示意图　　　　　　图 8.16　将控件匹配窗格示意图

单击窗口的最大化按钮,可以看出整个状态栏的高度变大而最右侧子状态栏的宽度变大,如图8.17所示。

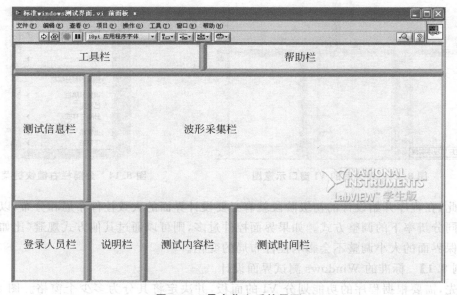

图 8.17　最大化之后的界面

事实上,当窗口大小发生变化时往往不希望状态栏的高度发生改变,而只需要改变其中某一个 Pane 的长度就可以了。单击"还原"按钮,使窗口回到图 8.16 所示的状态。在底部的蓝色分隔栏上右击,从弹出的快捷菜单中选择"分隔栏保持在底部"命令,如图 8.18 所示。该选项表示在分隔栏变化时始终保持底部的相对位置不变。

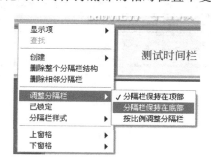

图 8.18 分隔栏右键快捷菜单

再次最大化窗口,此时状态栏的高度将保持不变,而最右侧的子状态栏的宽度将变大,如图 8.19 所示。

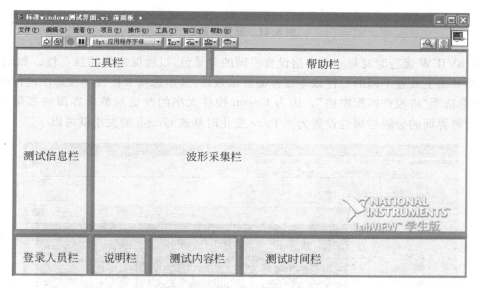

图 8.19 最大化之后的状态栏

如果希望在 VI 窗口改变时修改第二个子状态栏的宽度,而其他子状态栏宽度保持不变,应该如何设置呢? 单击还原按钮,使窗口回到图 8.16 所示的状态。右击图中所示的垂直分隔栏,从弹出的快捷菜单中选择"分隔栏保持在右侧"命令,如图 8.20 所示,此时再次改变窗口的大小将会改变第二个子状态栏的宽度。

同理,设计工具栏。图 8.21 中使用的按钮都是 LabVIEW 自带的按钮样式,需要使用自定义控件加以替换。程序将工具栏分为两部分:操作按钮部分和帮助部分。而对比图 8.19 可以看出,将最上层的分隔栏颜色设置为与窗格的底色一致,这样可以隐藏分隔栏。

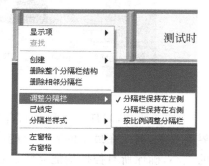

图 8.20 设置分隔栏属性

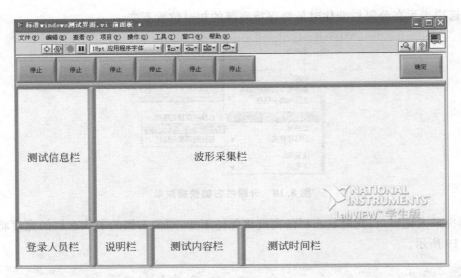

图 8.21   设置工具栏

LabVIEW 运行时对每一个窗格设置不同的背景色,以确保窗格的独立性。如图 8.22 所示,在界面上放置不同的控件以丰富界面显示效果,选中选项卡控件和波形图控件的右键快捷菜单选项"将控件匹配窗格"。因为 Graph 控件大小的改变对整个界面的布局没有影响,因此将界面的分隔栏属性设置为当 Pane 变化时修改 Graph 的大小就可以了。

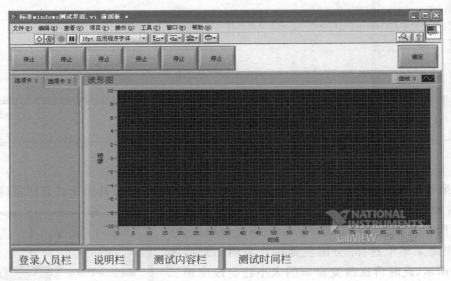

图 8.22   VI 前面板

如前所述,对任一个程序而言都有一个最低的分辨率要求,同时也存在着一个最小的界面要求,确保在最小的界面上能够将所有控件完整显示出来。调整整个 VI 前面板窗口的大小,确保所有控件均能完整显示。按 Ctrl+I 组合键打开 VI 属性面板,选择窗口大小对话框,如图 8.23 所示。单击"设置为当前前面板大小"按钮,然后单击"确定"按钮。

再次改变 VI 的前面板大小,可以看出整个界面的布局并不受面板大小的影响,能够正

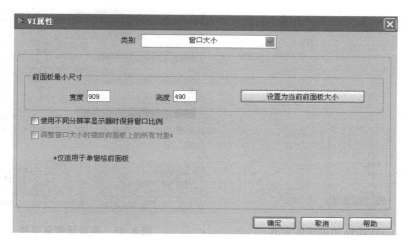

图 8.23 窗口大小属性对话框

常显示。因此,界面的分辨率自适应问题的解决并不是一蹴而就的,而需要在程序界面设计阶段就加以考虑和布局。

(1) 在程序可接受的最低分辨率的显示器上开发。

(2) 划分面板的区域,并且明确各个区域的功能。

(3) 尽量至少选择一种大小可伸缩的控件(ListBox、Tab、Multicolumn Listbox、Table、Tree、Chart、Graph、Picture、Sub Panel 等)。

(4) 尽可能地使用分隔栏划分不同的区域,对部分分隔栏而言可以将其背景色设置为与窗格的背景色一致以隐藏分隔栏。

(5) 设置分隔栏的属性,明确分隔栏的变化方式。

(6) 设置窗格的属性(颜色、是否显示滚动条等)。

(7) 设置面板的最小显示大小。

(8) 将分隔栏的 Lock 属性设置为 True。

8.6 程序中字体的使用

LabVIEW 会自动调用系统中已经安装的字体,因此不同的计算机上运行的 LabVIEW 程序会因为安装的字体库不同而不同。图 8.24 列出了 LabVIEW 可以选择的部分字体样式(如颜色、加粗、斜体等),可以使用组合键 Ctrl+"="和 Ctrl+"-"放大和缩小当前选择项的字体,如图 8.24 所示。

按组合键 Ctrl+"0",出现前面板默认字体窗口,可以对字体大小、对齐方式、颜色等进行定义,如图 8.25 所示。

为了避免不同的操作系统给字体显示带来的影响,LabVIEW 提供了应用程序字体、系统字体和对话框字体三种预定义的字体。它们并不表示某一种确定的字体,对不同的操作系统所表示的含义不同,这样可以避免由于某一种字体缺失导致的应用程序界面无法正确显示的问题。

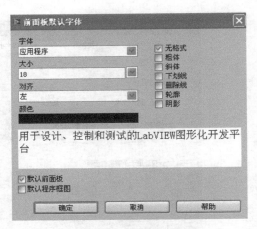

图 8.24　LabVIEW 中的字体大小　　　图 8.25　前面板默认字体

8.7　VI 属性设置

VI 有很多属性是可以设置的,其中包括:VI 图标、VI 修改历史、VI 帮助文档、密码保护、前面板显示内容、窗口大小、执行控制和打印属性等。通过配置这些属性可以使我们的 VI 适合在不同的场合运行。

【例 8.2】　利用 VI 的属性设置,编写一个具有如下行为的 VI:

(1) VI 一打开时便开始自动运行;

(2) 运行时,前面板自动显示在屏幕中央;

(3) 添加密码保护,需要密码才能查看程序框图;

(4) 添加 VI 帮助文档;

(5) 运行时使滚动条、菜单、工具栏不可见;

(6) 运行时不允许直接关闭窗口。

在菜单栏中选择"文件"→"VI 属性"命令,打开如图 8.26 所示的对话框。默认为常规选项,在该选项下可以修改 VI 图标,查看 VI 修改历史等。

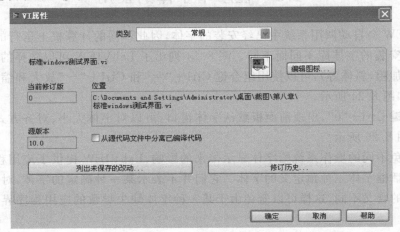

图 8.26　"VI 属性"对话框

在"类别"下拉列表框中选择"窗口外观"选项,出现窗口外观对话框,如图 8.27 所示。在此可以设置窗口标题、选择窗口外观形式,有顶层应用程序窗口、对话框、默认、自定义选项可选。

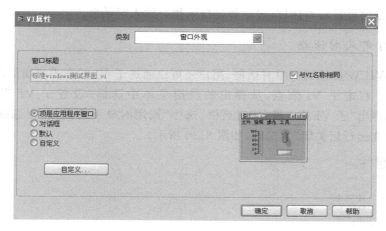

图 8.27　窗口外观对话框

在默认情况下,如果有两处程序框图都调用同一个子 VI,那么这两处程序框图则不能并行运行。即如果当该子 VI 正在被调用执行时,其他调用就必须等待,直到当前调用执行完毕。而在很多情况下,我们都希望不同的调用应该是相互独立的。这时候就需要把子 VI 设为可重入子 VI。

在"类别"下拉列表框中选择"执行"选项,出现执行对话框,选中"重入执行"复选框,完成设置可重入子 VI,如图 8.28 所示。

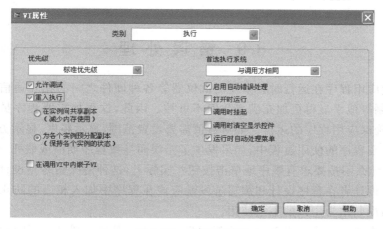

图 8.28　执行对话框

8.8　对　话　框

对话框是人机交互的一个重要途径。LabVIEW 中有两种实现对话框的方法:一种是直接使用函数选板中提供的几种简单对话框;另一种是通过子 VI 实现功能复杂的对话框。

1. 普通对话框

对话框 VI 函数在功能选板的"编程"→"对话框与函数选板"面板下。按类型分为两种对话框：一种是信息显示对话框；另一种是提示用户输入对话框。

2. 用户自定义对话框

除了 LabVIEW 提供的简单对话框，用户还可以通过子 VI 的方式实现用户自定义的对话框。方法为：右击子 VI 节点，从弹出的快捷菜单中选择"设置子 VI 节点"命令，如图 8.29 所示，弹出"子 VI 节点设置"对话框，选中"调用时显示前面板"复选框，并选中"如之前未打开则在运行后关闭"复选框，如图 8.30 所示。

图 8.29 设置子 VI 节点

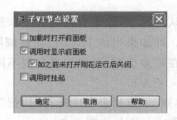

图 8.30 "子 VI 节点设置"对话框

8.9 错误处理

测试测量应用程序在运行时会涉及测试仪器等各种硬件之间的相互通信，因此其错误处理、逻辑控制等似乎显得更加充满变数而不可控。因此，这更加需要程序员关注细节，完善用户体验，确保应用程序的运行。如对数值需要设置范围、显示精度、显示方式等，避免用户的误操作。在程序的使用过程中，如果发生了错误而导致程序崩溃或假死，有些程序员会埋怨用户：为什么不按要求有顺序地单击按钮？实际上，这种情况始终是设计者的错误，而与用户无关。设计者在程序设计和撰写阶段就应该在程序中加入相应的防止误操作机制，而不应该将错误归结为用户的不当使用。

在调用含有错误输出的子 VI 时，当错误发生时若错误输出端悬空，就会自动弹出错误对话框显示错误信息，并询问是否继续运行。错误对话框除了显示错误输出簇中的代码、错误源信息外，还会显示错误的可能原因，这对分析问题非常重要。

LabVIEW 通过错误输入和错误输出预定义簇来携带错误信息，并可以将错误信息从底层 VI 传递到上层 VI，当错误输入携带错误信息时，该函数不会执行任何操作，而是直接将错误传递给错误输出。

8.10　设置个性化编程环境

有时 LabVIEW 编程环境的默认设置也许并不适合你，这时可以对编程环境作一些自定义的设置，以提高编程效率。

1. LabVIEW 的设置选项

在菜单栏中选择"工具"→"选项"命令，则弹出 LabVIEW 的"选项"对话框，如图 8.31所示，这里有数目众多的选项。

这些选项是可选的，没有绝对优劣之分。LabVIEW 编程者可以在尝试一段时间后，再根据个人喜好和习惯，选择最适合自己编程的配置。

在程序框图中，控件有两种显示方式：按图标方式和不按图标方式。按图标方式显示的接线端更加直观漂亮一些，但是占用面积也大一些；不按图标方式则减小了接线端在程序框图中的显示面积。控件显示方式如图 8.32 所示。

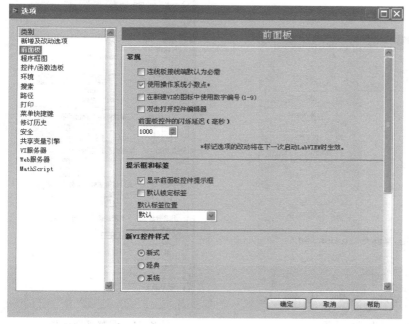

图 8.31　LabVIEW"选项"对话框

图 8.32　控件显示方式

2. 函数和控件选板的设置

函数和控件选板在编程时使用频率非常高，所以它的设置将直接影响编程效率。两个选板的设置方法相同，这里仅以函数选板为例说明如何改动。

默认情况下，函数选板始终是以浮动窗口的形式显示的，往往会遮挡住部分程序代码。如果本来显示屏的面积就不大，则编程者会希望在不使用函数选板时将其隐藏，留出更多的空间显示程序框图，而仅在需要使用它时，才右击程序框图的空白处弹出函数选板。

默认的函数选板上只有4项,也许平时我们编程最常用的函数都不在其中。要想找到平时常用的函数,如"数组索引"、"字符串长度"等,就要先单击选板最下方的双箭头显示出选板所有条目,再到"编程—数组"等选板中寻找,这样既麻烦,又浪费时间。

其实,选板默认显示的条目是可以修改的,选择"更改可见选板",弹出的窗口左中部有"更改可见类别"字样。在窗口中选择常用的条目,则被选中的条目就出现在函数选板首选项中;也可选择全部类别,如图8.33所示。

默认情况下,函数选板总是展开排在最上面的那个条目,所以应该把最常用的条目排在最上面。

在锁定状态下,将光标放到"收藏"这个条目左侧的两个竖线上,则鼠标指针变成带箭头的十字花,这时按下鼠标就可以拖动这个条目。把"收藏"拖到函数选板的最上方,关闭函数选板,然后在程序框图空白处右击,则首先看到的就是展开了的"收藏"选板,如图8.34所示。

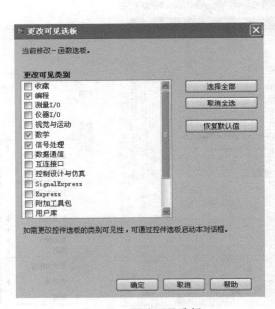

图 8.33　更改可见选板

图 8.34　调整函数选板

把"收藏"挪到第一项是因为可以方便地调整"收藏"选板中的内容,把那些最常用的函数都放到"收藏"选板中。例如,想把"编程"→"结构"→"While循环"子选板添加到"收藏"中去,则可以单击"编程"条目将其展开,再单击其中的"结构"展开"结构"选板,在While上右击,从弹出的快捷菜单中选择"添加子选板至收藏夹"命令,这样"While循环"就会出现在"收藏"选板之中了,如图8.35所示。

添加了几个常用函数选板后,"函数"选板的布置如图8.36所示。以后只要一打开"函数"选板,常用的函数子选板就会展现,可以方便地进行编程。

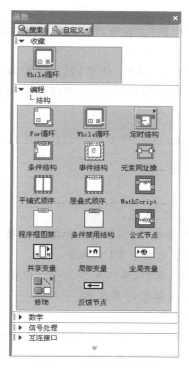

图 8.35　添加收藏选板

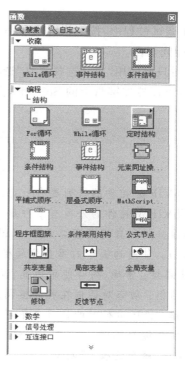

图 8.36　添加多个子选板至收藏选板

3. 工具选板

LabVIEW 是图形化编程语言,相对于文本编程语言而言,鼠标在 LabVIEW 中的作用远远超过键盘。鼠标要负责选择对象、拖动对象、调整对象的大小,还要负责连线、插入断点和探针等。总之,一个鼠标身兼数职。

默认情况下,鼠标的功能是 LabVIEW 自动选定的。例如,把鼠标指针挪到函数体上时,就可以拖动这个函数;而鼠标指针移动到函数接线端上,则可用作连线。自动选择固然方便,但也有其不利的一面:每次都要小心翼翼找准鼠标指针的位置,才能使其具有期望的功能。如果手工变换鼠标的功能,就不必再为精确地找准鼠标指针的位置而耗费时间了。

这一设置是在"工具"选板中完成的。在菜单栏中选择"查看"→"工具选板"命令或者在前面板和程序框图的空白处按住 Shift 键右击,即可弹出工具选板,如图 8.37 所示。

工具选板最上方的扳手加螺丝刀按钮就是"自动选择工具"按钮,当它被按下时,LabVIEW 自动选择鼠标的功能;再次单击这个按钮,则自动选择功能被关闭。这时,就需要手工选择鼠标的功能。

图 8.37　工具选板

单击工具选板上相应的按钮,就可以让鼠标切换至该功能;也可以通过键盘上的按键来快速切换鼠标功能。

在程序框图窗口上按空格键,使鼠标在"连线"和"定位/调整大小/选择"两个功能间切换;按 Tab 键,使鼠标在"操作值"、"定位/调整大小/选择"、"编辑文本"和"连线"这 4 个功能间切换。

VI 调试过程中,按空格键或 Tab 键,使鼠标在"操作值"、"设置/清除断点"和"探针"这 3 个功能间切换。

平时只要使用"自动选择工具"选项就可以应付大多数编程工作了;偶尔需要调出工具选板时,可以按住键盘上的 Shift 键,再在 VI 前面板或程序框图上右击,即可显示出此工具选板。

本 章 小 结

LabVIEW 控件的排列要有一定的逻辑性。

LabVIEW 控件的外观有三种形式,分别为经典、新式、系统。

界面分隔和自定义窗口大小:LabVIEW 允许将前面板(Panel)划分为若干个独立的窗格(Pane)。使用选板中的垂直分隔栏和水平分隔栏可任意划分 VI 的面板。

VI 属性:常规、内存使用情况、说明信息、修订历史、保护、窗口大小、外观、位置等。

对话框:动态对话框在程序被调用时显示前面板,未调用时不显示。

菜单:程序运行时的显示菜单可根据需要进行自定义。

个性化编程环境:在"工具"→"选项"菜单中可以设置个性化编程环境,如前面板、程序框图、控件、函数选板、环境等。

习 题

8.1 LabVIEW 控件的外观有几种形式? 分别适用于哪些情况?

8.2 什么情况下使用自定义控件? 如何创建自定义控件?

8.3 要使界面看起来更规整,可以采用哪些修饰方法?

8.4 在前面板中显示一个按钮和一个滑钮,当在按钮或滑钮上按下鼠标时,产生事件。当该事件发生时,弹出对话框,询问是否继续,单击"确定"按钮,While 循环继续执行;若单击"取消"按钮则退出 While 循环。此外设置了一个超时处理子图形代码框,若 5 秒钟没有在前面板操作,则退出 While 循环。

上 机 实 验

实验目的

学会常用自定义控件的设置方法;学会常规属性的设置方法;学会保护属性、窗口属性的设置方法。

实验内容

创建一个程序,完成一组连续的操作,要求使用自己创建的自定义控件。自定义控件前面板及其程序框图如图 8.38 所示。

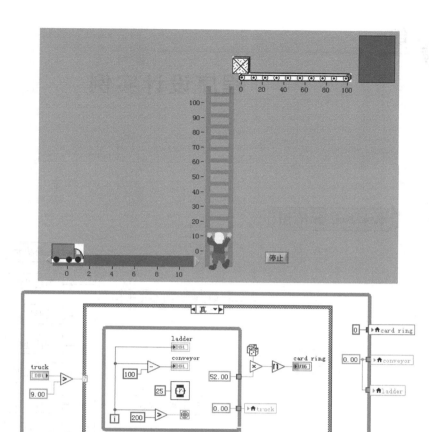

图 8.38 自定义控件前面板及其程序框图

第 9 章 程序设计实例

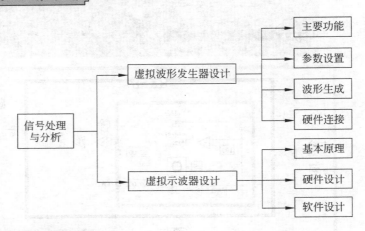

学习目标及重点

◆ 理解波形发生器的设计原理。
◆ 掌握虚拟波形发生器的设计方法。
◆ 理解虚拟示波器的设计原理。
◆ 掌握虚拟示波器的设计方法。

9.1 波形发生器的设计

波形发生器是现代测试领域应用最为广泛的通用仪器之一，代表了信号源的发展方向。随着计算机技术的不断发展，波形发生器也发生了日新月异的变化，由传统的模拟式波形发生器到现今的虚拟式波形发生器。本节结合虚拟仪器技术，进行波形发生器的设计。

该设计主要实现了一种基于 LabVIEW 软件的任意波形发生器，它是利用 LabVIEW 编写的程序，根据输入参数生成任意波形，利用 PCI-1711 数据采集卡把虚拟信号转换为实际信号输出。任意波形发生器的主要功能如下：可产生正弦波、方波、三角波、锯齿波等基本波形；可根据公式输入来产生波形。此虚拟信号发生器具有价格便宜、容易开发、可维护性好等优点。

　　波形发生器作为电子测量激励源的信号来源。大多数电路要求某种幅度随时间变化的输入信号。信号可以为真实的 AC 信号（峰值在接地参考点上下震荡），也可以在 DC 偏置（可正可负）范围内变化。它可以是正弦波或者模拟函数、数字脉冲、二进制码型或任意波形。

　　波形发生器主要针对模拟信号应用和混合信号应用。这些仪器采用采样技术，构建和改变几乎可以想到的任何形状的波形。本设计可以通过 LabVIEW 的信号输出控件，输出各种标准波形；也可以通过用户输入公式，输出特定的任意波形。

　　下面介绍一下前面板的程序设计。前面板用于人机对话，所以在满足使用的基础上也要求美观并且直观，本设计就拥有友好的前面板操作界面，如图 9.1 所示。

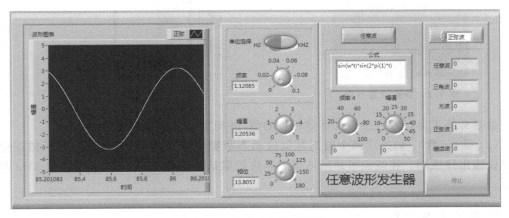

图 9.1　波形发生器前面板

　　最左部分是发生器的波形显示窗口，该窗口显示的波形是没有干扰的理想波形。左边第二部分为频率、幅值和相位参数的选择框，通过旋钮和按钮，实现各种波形的参数调整。第三部分为生成任意波形的公式输入框和任意波形的频率、幅值的调节框。第四部分为标准波形的选择窗口和"停止"按钮。

9.1.1　参数设置

　　本设计实现任意波形发生器的功能就要使任意波形的频率、幅值、相位是可调的，所以在前面板上添加了三个调节旋钮分别调节频率、幅值和相位，因为频率的范围比较大，所以选择了一个按钮控件用于频率单位的切换，分别设置了赫兹和千赫兹两种单位，前面板的控件设置如图 9.2 所示。

1. 频率的选择

　　频率的定义是在单位时间内震动的次数，它是描述振动物体做往复运动频繁程度的量。我们用下面的程序调整频率，分别用到了条件选择控件、乘法函数、调节旋钮和按键控件等，程序框图如图 9.3 所示。

　　（1）条件结构：包括多个或一个分支、子程序框图。结构执行的时候，仅仅有一个分支执行或子程序框图。连接到选择器接线端的值可以是以下几种枚举类型：整数、字符串，或布尔，用于确定所要执行的分支。右击结构的边框，在弹出的菜单中就可以删除或添加分

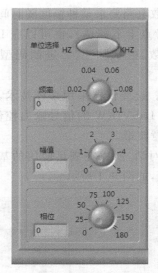

图 9.2 参数设置界面

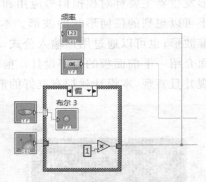

图 9.3 频率调整程序框图

支。通过标签工具可输入条件选择器标签的值,并配置每个分支处理的值。

(2)乘(函数):如连线两个波形数据或动态数据类型至该函数,函数可显示错误输入和错误输出接线端。连线板可显示该多态函数的默认数据类型,用于产生 Hz 和 kHz 两个单位。

2. 幅值与相位的选择

幅值与相位的前面板设置同样也使用调节旋钮和显示控件,幅值的范围参照波形图标显示控件的纵坐标设置其最大值,而调节后的幅值与相位值会以数值的形式在显示控件中表示出来。幅值与相位的前面板如图 9.4 所示。

幅值表示在一个周期内波形瞬时出现的最大绝对值。而相位是反映波形任何时刻状态的物理量,反映出波形的方向是随着时间变化的,也就是在周期性变化的波形上,各点相对于周期起点的相对位置。幅值与相位的程序框图如图 9.5 所示。

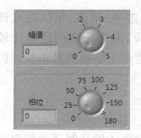

图 9.4 幅值、相位调整前面板

图 9.5 幅值、相位调整后面板示意图

9.1.2 波形生成

正弦波是频率成分最单一的信号,因为这种信号的波形是数学上的正弦曲线,任何复杂信号都可以看成是由许许多多频率不同、大小不等的正弦波复合而成的。我们用下面的程序框图来产生正弦波,如图 9.6 所示。

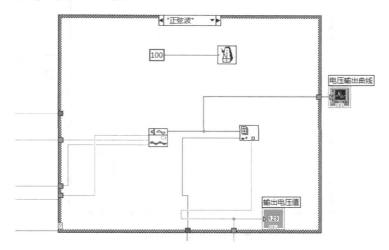

图 9.6　产生正弦波仿真信号的程序框图

　　为了实现正弦波、三角波和锯齿波之间的转换,同样使用了条件结构。为了实现正弦波的产生应用了正弦波控件,如图 9.7 所示。

　　正弦波控件包含下列选项:

　　(1) 重置相位:确定正弦波的初始相位。默认值为 True。如果重置相位的值为 True,LabVIEW 可设置初始相位为相位输入。如重置相位的值为 False,LabVIEW 可设置正弦波的初始相位为上一次 VI 执行时相位输出的值。

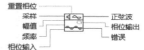

图 9.7　正弦波控件示意图

　　(2) 采样:正弦波的采样数。默认值为 128。

　　(3) 幅值:正弦波的幅值。默认值为 1.0。

　　(4) 频率:正弦波的频率,单位为周期/采样的归一化单位。默认值为 1 周期/128 采样或 7.8125E−3 周期/采样。相位输入是重置相位的值为 True 时正弦波的初始相位,以度为单位。

　　(5) 相位输入:重置相位的值为 TRUE 时正弦波的初始相位,以度为单位。

　　(6) 正弦波:输出的正弦波。

　　(7) 相位输出:正弦波下一个采样的相位,以度为单位。

　　(8) 错误:返回 VI 的任意错误或警告。如连线"错误"至"错误代码至错误簇转换 VI",错误代码或警告可转换为错误簇。

　　方波、锯齿波和三角波同样也是比较常见的波形,产生方波、锯齿波和三角波的信号还是利用条件选择结构,分别添加了这几种波形的条件选择的结构,单击选择器的标签中的递增和递减箭头,可以滚动浏览已经有了的条件分支。

　　方波是一种非正弦曲线的波形,通常会在信号处理时用到。理想的方波只有高和低两个状态。方波程序框图如图 9.8 所示。

　　三角波的斜率分正负两种,且它是一种正斜率与负斜率的绝对值相等的波形。三角波后面板的程序框图如图 9.9 所示。

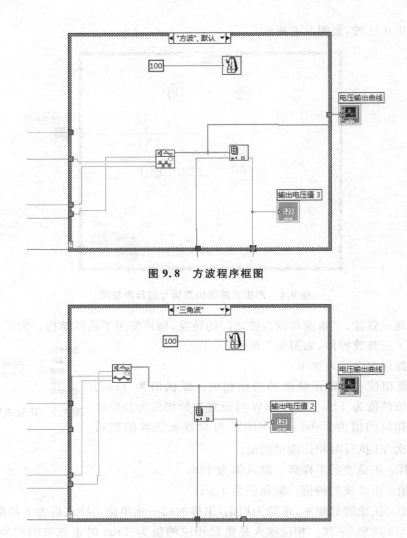

图 9.8　方波程序框图

图 9.9　三角波程序框图

　　锯齿波和三角波相似,同样也分为正负两种斜率,只是正斜率与负斜率的绝对值不等。锯齿波后面板的程序框图如图 9.10 所示。

　　创建完条件结构之后,可以删除、重排、复制或添加子程序框图。对于每一个分支,使用了标签工具在调节结构的上方条件选择器的标签中输入值范围、值列表或值。

9.1.3　任意波形的产生

　　任意波形发生器除了能够产生标准正弦波、方波、三角波和锯齿波之外还需要产生任意波形,也就是说在随便提供一个公式的条件下,波形发生器能够对应地发出信号。为了达到这一目的,设计程序框图时可以利用公式控件和公式波形控件,公式控件的方便之处在于可按照操作者的意图任意输入公式,再将公式控件与公式波形控件相连接,就可以看到在前面板公式波形控件上直观地体现出了操作者输入公式的波形。在后面板上用于任意波形与标准波形的切换,同样选择了条件选择控件来实现,产生任意波形的后面板程序框图如图 9.11 所示。

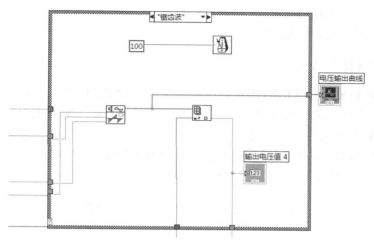

图 9.10 锯齿波程序框图

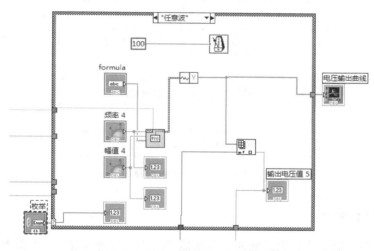

图 9.11 产生任意波形的程序框图

公式(formula):是用于信号输出波形的表达式,默认值为 $\sin(w * t) * \sin(2 * pi(1) * 10)$。

公式波形(VI):通过公式字符串指定要使用的时间函数,创建输出波形,如图 9.12 所示。

图 9.12 公式波形示意图

公式波形参数如下:

(1) 偏移量:指定信号的直流偏移量,默认值为 0.0。

(2) 重置信号:如值为 True,时间标识重置为 0。默认值为 False。

(3) 频率:波形频率,以赫兹为单位。默认值为 100。

(4) 幅值:波形的幅值。幅值也是峰值电压,默认值为 1.0。

(5) 公式:用于生成信号输出波形的表达式。默认值为 $\sin(w * t) * \sin(2 * pi * 10)$。

(6) 错误输入:表明该节点运行前发生的错误条件。

(7) 采样信息包含每秒采样率和波形的采样数,默认值为 1000。

（8）信号输出：生成的波形。

（9）错误输出：包含错误信息。

9.1.4 硬件设计与连接

基于研华数据采集卡的 LabVIEW 程序的实现，所需要的硬件有：PCI-1711 数据采集卡，ADAM-3968 接线端子，PCI 插槽，PCI 总线，示波器，计算机。硬件连接包括以下几个步骤：

（1）利用 PCI 总线将 PCI 插槽与 PC 相连接；

（2）完成研华 PCI-1711 与 PC 软件的连接，流程图如图 9.13 所示；

（3）连接 ADAM-3968 接线端子，稳压电源和示波器。

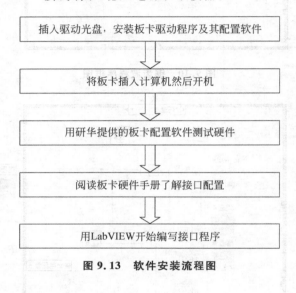

图 9.13　软件安装流程图

1. PCI-1711 板卡

PCI-1711 是一款功能强大的低成本多功能 PCI 总线数据采集卡，其先进的电路设计使得它具有更高的质量和更多的功能，其中包含五种最常用的测量和控制功能：16 路单端或 8 路差分模拟量输入，12 位 A/D 转换器（采样速率可达 100 kHz），2 路 12 位模拟量输出，16 路数字量输入、16 路数字量输出及计数器/定时器功能。该板卡的基本性能有以下几种。

（1）单端或差分混合的模拟量输入

PCI-1711 有一个自动的通道/增益扫描电路。它的这个电路可以代替软件的控制采样期间多路开关的切换。在卡上面的 SRAM 中存储了每个通道不一样的增益值及配置。这种设计的方式可以让我们对不同通道来使用不同的增益，而且能够自由地组合单端和差分输入来完成多个通道的高速采样。

（2）卡上 FIFO 存储器

PCI-1711 的卡上面有个缓冲器 FIFO，它可以存储 4 KB 容量的 A/D 采样数值。每当 FIFO 缓冲器半满的时候，PCI-1711 就会自动产生中断信号。

（3）卡上可编程计数器

PCI-1711 提供的计数器是可以编程的，用于为 A/D 变换而提供触发脉冲。计数器芯片为 8254 兼容的芯片,采集卡一共包含了三个十六位的 10 MHz 时钟计数器。其中之一是作为事件的计数器,它是用来对信号输入通道中的事件进行计数的。继而另外两个计数器级联在一起,作为脉冲触发 32 位的定时器。

（4）支持即插即用功能

PCI-1711 完全符合 PCI 规格 Rev2.1 标准,支持即插即用。在安装插卡时,用户不需要设置任何调线和 DIP 拨码开关,所有与总线相关的配置,比如基地址、中断等均由即插即用功能完成。

多功能板卡特别适合学校用于构成数据采集与控制实验室系统,完成多种测控试验。

（5）短路保护

PCI-1711 在 ＋12 V(DC)/＋5 V(DC)输出引脚处提供了短路保护器件,当发生短路时,保护器件会自动断开停止输出电流,直到短路消失大约 2 min 后,引脚才开始输出电流。

2. ADAM-3968 接线端子

ADAM-3968 接线端子板信号端子位置如图 9.14 所示。

通过 PCI 总线完成接线端子与采集卡稳压电源及示波器的连接,这样才能实现软件与硬件的连接从而达到通过控制计算机在示波器上产生任意波形的效果。所以在设计任意波形发生器的过程中接线端子起了十分重要的连接作用。

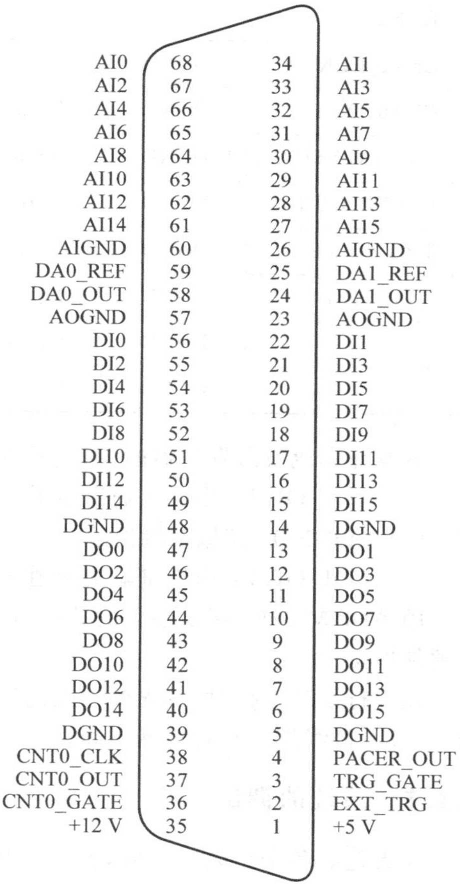

AI0	68	34	AI1
AI2	67	33	AI3
AI4	66	32	AI5
AI6	65	31	AI7
AI8	64	30	AI9
AI10	63	29	AI11
AI12	62	28	AI13
AI14	61	27	AI15
AIGND	60	26	AIGND
DA0_REF	59	25	DA1_REF
DA0_OUT	58	24	DA1_OUT
AOGND	57	23	AOGND
DI0	56	22	DI1
DI2	55	21	DI3
DI4	54	20	DI5
DI6	53	19	DI7
DI8	52	18	DI9
DI10	51	17	DI11
DI12	50	16	DI13
DI14	49	15	DI15
DGND	48	14	DGND
DO0	47	13	DO1
DO2	46	12	DO3
DO4	45	11	DO5
DO6	44	10	DO7
DO8	43	9	DO9
DO10	42	8	DO11
DO12	41	7	DO13
DO14	40	6	DO15
DGND	39	5	DGND
CNT0_CLK	38	4	PACER_OUT
CNT0_OUT	37	3	TRG_GATE
CNT0_GATE	36	2	EXT_TRG
+12 V	35	1	+5 V

图 9.14　接线端子板引脚图

3. 接线端口的选择

ADAM-3968 接线端子一共有 68 个接线端子,分别有不同的作用与功能,如表 9.1 所示。

表 9.1　ADAM-3968 接线端子表

信号名称	参考端	方向	描　　述
AI＜0～15＞	AIGND	Input	模拟量输入通道：0～15
AIGND			模拟量输入地
AO0_REF AO1_REF	AOGND	Input	模拟量输出通道 0/1 外部基准电压输入端
AO0_OUT AO1_OUT	AOGND	Output	模拟量输出通道：0/1
AOGND			模拟量输出地
DI＜0～15＞	DGND	Input	数字量输入通道：0～15
DO＜0～15＞	DGND	Output	数字量输出通道：0～15

信号名称	参考端	方向	描　　述
DGND			数字地（输入或输出）
CNT0_CLK	DGND	Input	计数器 0 通道时钟输入端
CNT0_OUT	DGND	Output	计数器 0 通道输出端
CNT0_GATE	DGND	Input	计数器 0 通道门控输入端
PACER_OUT	DGND	Output	定速时钟输出端
TRG_GATE	DGND	Input	A/D 外部触发器门控输入端
EXT_TRG	DGND	Input	A/D 外部触发器输入端
+12	DGND	Output	+12 V 直流电源输出
+5	DGND	Output	+5 V 直流电源输出

本设计完成波形发生器的设计，所以选择以下几个接线端口：

（1）AO0_OUT：模拟量输出通道 0。

（2）AOGND：模拟量输出地。

（3）AO1_OUT：模拟量输出通道 1。

用 ADAM-3968 接线端子的 AO0-OUT 接线端口与 AOGND 接线端口连接示波器，完成硬件连接。

在进行硬件连接时，首先要检查连接线是否都完好没有断裂，连接过程中检查连接口是否有松动，接线端子是否选择正确。

9.1.5　系统的调试

在组建好各个功能模块后，就可以将它们集成到一起，形成一个功能完善的虚拟示波器。在对其进行调试的过程中会遇到很多问题，需要注意的问题如下。

（1）VI 的程序中如果存在语法错误，后面板的工具条上面显示的运行按钮将会变成一个折断了的箭头，表示程序是不能够被执行的。这时，称这个按钮为错误列表，单击它则会弹出显示错误清单的窗口，这时双击其中任何一个所列出来的错误，则出现错误的对象或者端口会变成高亮，如图 9.15 所示。

（2）数据流的流向问题。因为 LabVIEW 是一种数据流的驱动方式编辑程序的语言，所以在我们将各个不同功能模块汇集到一起集成的时候，应该着重注意一下数据流的流向问题。重点要注意的是，当使用到了一种弹出式的面板模块时，很容易引起数据流流向混乱的问题，从而造成错误。所以在必要时，应该先使用顺序结构来控制一下数据的流向，使它按照我们的意愿来传递所需要的数据。

（3）高亮执行按钮。在 LabVIEW 工具栏上有一个画着灯泡的小按钮，这个就是高亮执行按钮，当我们按这个小按钮的时候，该按钮图标就变成了高亮的形式，然后我们按运行的按钮，这个时候的程序就会以比较缓慢的速度进行运行，没有执行代码时会灰色显示，然而执行后的此时就会高亮显示，而且显示数据流上面的数据值，因此，我们就可以根据数据的流动状态来进行跟踪程序的执行，如图 9.16 所示。

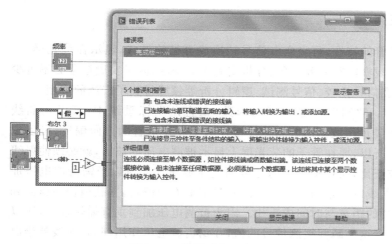

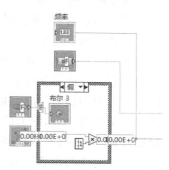

图 9.15 错误列表示意图

图 9.16 高亮执行程序框图

9.2 示波器的设计

示波器是一种用途十分广泛的电子测量仪器,它能把肉眼看不见的变交电信号转换成看得见的图像,便于人们研究各种电现象的变化过程。目前常见的模拟示波器外形笨重,功能单一,虽然数字示波器扩展了一定的功能,但价格昂贵,并且这些仪器的加工工艺非常复杂,对制造水平的要求也很高,在生产上突破有困难。

虚拟仪器的出现改变了这一现象,虚拟示波器利用强大的计算机系统进行数据处理,利用软件技术完成数据的采集、控制、数据分析和处理以及测试结果的显示等,突破了传统仪器在数据处理、显示、传送、存储上的限制,可以使用户更方便地进行维护、扩展和升级;而且虚拟示波器比传统仪器可节约许多成本,具有很高的性价比。

据相关数据表明,示波器在中国通用测试市场产品中占据约 1/3 的市场份额,其市场比重有所上升,这说明示波器在整体测试测量仪器产品中的市场地位逐渐增强。

虚拟示波器的核心思想是利用计算机的强大数据处理能力,使本来需要硬件实现的测量技术软件化,利用软件完成数据的采集、数据分析和数据测试处理结果的显示,以便最大程度地降低系统成本,使仪器的测试和测量及自动化工业的系统测试变得更加方便和快捷。

本节首先对虚拟仪器作了简单的介绍,总结了虚拟仪器的特点及优点,旨在设计一个以研华 PCI-1711 数据采集卡为硬件平台、以 LabVIEW 编程的虚拟示波器。软件部分设计的是双通道选择的示波器,采用基本信号函数为虚拟示波器提供虚拟信号,并产生相应的输出信号波形,有触发功能和位置选择功能,添加频谱分析,可以清晰地知道相应测量值,还在原有的基本示波器基础上添加保存功能、读取功能和实时时间显示。硬件部分简要介绍了研华 PCI-1711 的硬件电路结构及功能,详细介绍了研华 PCI-1711 和 PC 的连接电路设计及其接口功能的实现。

9.2.1 示波器的基本原理

示波器是利用电子示波管的特性,将交变电信号转换成可见的形式,显示在荧光屏上,以便测量的一种仪器。它是观察电路实验现象、分析实验中的问题、测量实验结果必不可少的重要仪器。目前,示波器在信号比较、信号测试、逻辑分析等领域得到了广泛的应用。

示波器的波形显示原理:被测电压是时间的函数,在直角坐标系统中,可以用曲线 $u(x)=f(t)$ 来表示。电子束经过示波器的两副偏转板在两个互相垂直的方向偏转,可以把这两个方向看成是坐标轴。所以,要在管子的荧光屏上显示被测电压的波形,就必须使射线沿水平方向的偏转与时间成正比,而在垂直方向与被测电压成正比。所以当锯齿波电压加到水平偏转板上时,它迫使射线以恒定的速度从左向右沿水平方向偏转,并且很快地返回到起始位置,射线沿水平轴经过的距离与时间成正比。因为被测电压加到垂直偏转板上,所以每一瞬间射线的位置值对应于这一瞬间被测信号的值,在锯齿波电压作用期间,射线就绘出了被测信号的曲线。通用示波器主要由显示器系统、垂直偏转(Y 轴)信号放大系统、水平偏转(X 轴)锯齿波发生系统和同步触发系统 4 部分组成。

9.2.2 虚拟示波器的工作原理

虚拟示波器是智能化数字示波器的产生,是示波器和虚拟技术的结合体。虚拟示波器主要由信号的采集与控制、数据分析和处理、测量结果的显示三大部分组成。信号采集与控制是由计算机和仪器组成的硬件平台实现对信号的采集、测量、转换与控制;数据分析和处理表现在虚拟示波器充分利用计算机的存储、运算功能,并通过软件实现对数据信号的分析与处理;将测量结果的显示是利用计算机的资源,如显示器、存储器等,将测量结果进行多种方式的表达与输出,也可以利用计算机进行数据的存储和利用。

9.2.3 虚拟示波器的硬件设计

数据采集,是指从传感器和其他待测设备等模拟和数字被测单元中自动采集信息的过程。数据采集系统是基于计算机的测量软件和硬件产品来实现用户灵活的自定义测量系统。数据采集的目的是为了测量电压、电流、压力、温度或声音等物理现象。数据采集系统大体可以分为两类:设备类和网络类。设备类指从传感器或一些待测设备等模拟和数字被测量中自动采集信息的过程。网络类指用来批量采集网页、论坛等内容,直接保存到数据库或发布到网络上的一种信息化工具。可以根据用户设定的条件自动采集原网页中需要的内容,也可以对数据进行处理。

1. 数据采集设备

数据采集设备,即实现数据采集(DAQ)功能的计算机扩展设备,大体可以分为以下几种。

(1) 分布式或者远程的采集卡:在工业现场可以较精确地将信号转换成数字量,然后通过各种远传通信技术(如 232、485、以太网、各种无线网络)把数据传到计算机或者其他控制器中进行处理,对环境有较强的适应能力,可以应对各种工业上的恶劣环境。

(2) USB 采集卡:在比较好的现场或者实验室,一般采用外置数据采集卡如 USB 接口卡。

（3）PCI 采集卡：绝大多数集中在采集模拟量、数字量。

（4）AV/DV 采集卡：同时拥有数字和模拟两种功能，即数字输入输出，模拟接口输入。采集卡的用途很广，主要用于教育课件录制、安防监控、大屏拼接、会议录制、虚拟现实、安检 X 光机、VDR 记录仪、医疗 X 光机、CT 机、阴道镜、胃肠机、工业检测、智能交通、医学影像、工业监控、仪器仪表、机器视觉等领域。

数据采集卡的选择主要考虑其采样率、分辨率、通道数、模拟量输入输出、数字量输入输出等功能。本设计硬件采集卡选用的是研华的 PCI-1711。

2. PCI-1711 数据采集卡

PCI-1711 是一款功能强大的低成本多功能 PCI 总线数据采集卡，有 2 路模拟量输出通道；完全符合 PCI 标准 Rev2.1 标准，支持即插即用；有一个自动通道/增益扫描电路，在采样时可以完成对通路选通开关的控制；提供 FIFO（先入先出）存储器，可存储 1 KB A/D 采样值；有一个可编程计数器，可用于 A/D 转换时的定时触发；16 路数字输入和输出，使用户可以灵活地根据自己的需求来应用。

3. ADAM-3968 接线端子

其引脚接口图如图 9.14 所示，引脚描述如表 9.1 所示。

4. 采集卡与 PC 相连

若要将研华 PCI-1711 与 PC 相连，就要先安装板卡驱动及配置软件 DevMgr，再将板卡安入计算机，对板卡进行配置。安装完驱动和板卡后，再进行软件的测试。

为了避免对数据采集系统产生影响，PCI-1711 采集卡的信号线要尽可能远离电源线、发电机和具有电磁干扰的场所，也要远离视频监视系统。在现场调试中，如果信号线和电源线必须并行，那么两者之间必须保持适当的安全距离，同时最好使用屏蔽电缆，来确保信号安全准确地传输。

对于采集卡模拟量的采集，在它的每个通道上都有一个输入电压范围，超过了该范围就会造成采集卡 A/D 转换部分烧毁。所以在采集模拟信号时，一定要保证被采集的信号在设定的量程范围内。

9.2.4 虚拟示波器的软件设计

软件部分选择用 LabVIEW 来编程，因为它广泛被工业界、学术界和研究实验室所接受，视为一个标准的数据采集和仪器控制软件。而且相对于用 VB 程序编程实现，LabVIEW 的修改更方便，测量更精准。

软件的总体流程是先实现模拟测量部分的程序设计，再实现实际测量部分的程序设计，在模拟部分设计中，再将设计分为几个小的模块，如触发、斜率、电平等，进行模块化设计。

LabVIEW 环境包括三个部分：程序前面板、框图程序和图标连接端口。程序前面板就是 VI 的虚拟仪器面板，在前面板上有输入数值和输出数值，如开关、图形、旋钮等，主要用来模拟真实仪器的前面板。输入量称为控制，为虚拟仪器的框图程序提供数据；输出量称为显示,可以显示虚拟仪器流程图中产生或获得的数据。

但是若要程序运行,还需要相对应的程序框图,框图程序用 LabVIEW 图形编程语言编写,提供 VI 图形化的源程序。框图程序由数据连线、节点构成。节点是 VI 程序中的执行元素,类似于文本编程语言程序中的函数、语句或子程序。节点之间数据按照一定的逻辑关系相互连接,可定义框图程序内的数据流向。节点之间、节点与前面板对象之间是用数据端口和数据连线来传递数据的。数据端口是数据在前面板对象和框图程序之间传输的通道,是数据在框图程序内节点之间传输的接口。

当 VI 程序运行时,控制输入的数据通过控制端传递到框图程序,供其中的程序使用,产生的输出数据再通过指示端口传输到前面板对应的指示件中显示。每个节点端口都有一个或数个数据端口用于输入或输出。

LabVIEW 采用一种专用的数据流编程模式。控制流执行的是指令驱动,而数据流执行的是数据流驱动。当一个虚拟仪器的图标被放置在另一个虚拟仪器的流程图中时,它就是一个子 VI。图标连接端口可以把 VI 变成一个 Sub VI,图标是 Sub VI 的直观标记,是 Sub VI 在其他程序框图中被调用的节点表现形式,而连接端口则表示该 Sub VI 与调用它的 VI 之间进行数据交换的输入/输出口,就像传统编程语言子程序的参数。

1. 实际测量前面板设计

实际测量界面就是数据采集部分。实际测量前面板图如图 9.17 所示。

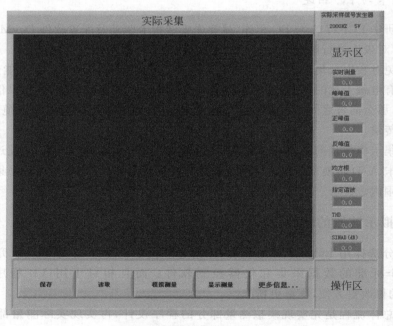

图 9.17 实际测量前面板图

前面板分为数据显示区、波形显示区、操作区三大部分。数据显示区主要测量数据的峰峰值、均方根、指定谐波、THD 等数据;波形显示区用来实时显示波形,便于观察;操作区中进行对数据的记录和读取,以及数据相关信息的查看。

2. 实际测量程序框图设计

通过上部分研华驱动的安装,LabVIEW 加载了研华用户库,采用 PCI-1711 的相关函数,如设备选择函数、设备打开函数、设备通道函数等,实现外部采集卡与 LabVIEW 的连接,达到数据采集和显示的功能。采集程序框图如图 9.18 所示。

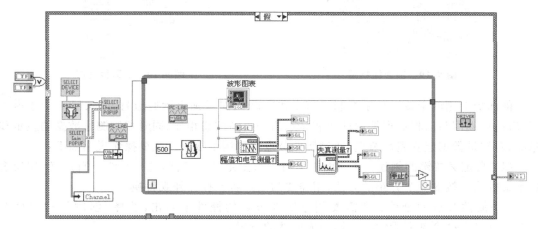

图 9.18　采集程序框图

对于研华的采集卡,采用研华特定的采集函数 SelectDevicePop. vi、DeviceOpen. vi、SelectGainPop. vi、AIConfig. vi、AIVoltageIn. vi、SelectChannelPop. vi、DeviceClose. vi 等实现数据的采集;并将采集到的数据经过幅值电平函数和失真测量函数,得到相应的测量值。主要操作说明如下:

(1) 添加选择设备函数:用户库 → Advantech DA&C → EASYIO → SelectPOP → SelectDevicePop. vi。

(2) 添加打开设备函数:用户库→AdvantechDA&C→ADVANCE→DeviceManager→DeviceOpen. vi。

(3) 添加选择通道函数:用户库→Advantech DA&C→EASYIO→SelectPOP→SelectChannelPop. vi。

(4) 添加选择增益函数:用户库→Advantech DA&C→EASYIO→SelectGainPop. vi。

(5) 添加关闭设备函数:用户库 → Advantech DA&C → ADVANCE → DeviceManager → DeviceClose. vi。

(6) 添加模拟量配置函数:用户库 AdvantechDA&C → ADVANCE → SlowAI → AIConfig. vi。

(7) 添加模拟量电压输入函数:用户库→AdvantechDA&C→ADVANCE→SlowAI→AIVoltageIn. vi。

3. 模拟测量前面板设计

本设计可以实现 1 路或 2 路通道的信号输入,因此,在通道控制方面可以实现 2 路的任意组合控制模式,如通道一、通道二、双通道。在前面板分别有 CH1 和 CH2 通道控制按钮,其按钮还相应控制显示数据的隐藏和显示。

前面板和后面板框图分别如图 9.19 和图 9.20 所示。

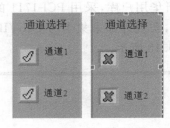

图 9.19　前面板框图

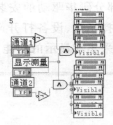

图 9.20　后面板框图

前面板上用两个按键分别控制通道 1 和通道 2,对号则表示通道打开,叉号表示通道关闭;后面板上用与门将通道控制按钮和显示测量控制按钮相连,同时控制测量数据的显示和隐藏;对测量数据建立属性节点,通过属性节点控制测量数据。主要操作说明如下:

(1) 自定义按键的创建:在前面板上右击需要定义的控件,选择高级→自定义,切换至自定义模式。按 8.3 节介绍的方法,用需要的图片将原控件外观替换。

(2) 属性节点的创建:在需要创建属性节点的控件上右击,选择"创建"→"属性节点"→"可见"→"全部元素"命令,即完成属性的设置。

4. 模拟测量程序框图设计

示波器的触发功能可以在信号的相同点处同步水平扫描,这对清晰地表现信号特性非常重要。触发的目的是保证信号波形稳定地显示,每次捕捉的起点都是相同的,将该点以后的波形稳定地显示出来。触发栏中包括:触发源、斜率、电平。触发源作为一个 Case 结构的布尔控制端,当为真时,启动触发;斜率用于选择上升沿触发还是下降沿触发;电平是通道1 触发电压的大小。

触发的程序框图如图 9.21 所示,图中当触发源为真,条件结构也为真时,启动触发,引入通道的信号。

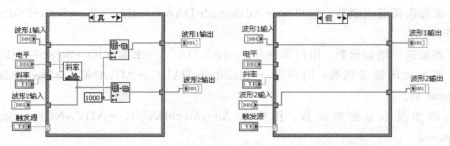

图 9.21　触发程序框图

斜率框图如图 9.22 所示。图中索引出信号的第 i 和第 i+1 个元素,看中间的数是否在这两个数的上下范围之间或相等,若在范围间则为真,相等也为真,或门输出为 1,While 循环中的条件结构为真,再进行判断;若信号值大于索引值,则输出为 1,非门输出为 0,或门输出为 0,停止循环,再将数值重新排列输出。若触发源为真,启动触发,但条件结构为假时,直接输出输入的数组值。

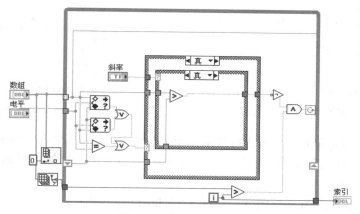

图 9.22　斜率程序框图

为了与传统示波器保持一致,本设计的虚拟示波器也具有垂直灵敏度和时基这两个按钮。垂直灵敏度也称垂直偏转因数,表示示波器显示的垂直方向(Y 轴)每个格所代表的电压幅值,表明了示波器测量最大信号和最小信号的能力,常用 V/div 或 V/cm 表示。时基也称水平偏转因数或扫描时间因数,表示示波器显示的水平方向(X 轴)每个格所代表的时间值,常用 t/div 或 ms/div 表示。

位置控制模块程序框图如图 9.23 所示。

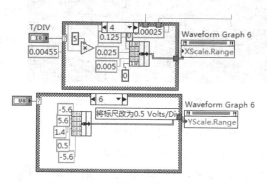

图 9.23　位置控制模块程序框图

程序在设计时调用了 Display 属性节点的 Y 和 X 标尺范围,包括最大值、最小值、增量、次增量。用 V/div 和 t/div 旋钮控制条件结构选择框,对常用的几个挡位(即增量属性)进行选择,达到对输出波形的电压幅值和扫描时间的控制。主要操作说明如下:

(1) 添加属性节点 X 标尺函数:在程序框图中,右击波形显示控件,选择"创建属性节点"→"X 标尺"→"范围"→"全部元素"命令。

(2) 添加 Unbundle By Name 函数:在程序框图中右击空白处,选择"编程"→"簇、类与变体"→"按名称捆绑"命令。

(3) 添加 Case 选择函数:在程序框图中右击空白处,选择"编程"→"结构"→"Case 结构"命令。

模拟测量部分是虚拟示波器的核心,主要完成虚拟数据的产生和控制。分别采用方波、正弦波信号生成虚拟信号,如图 9.24 和图 9.25 所示。

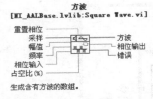

图 9.24　方波信号生成节点图

图 9.25　正弦波信号生成节点图

本设计需要对采集到的信号进行波形显示和分析。波形显示采用的是波形模块中的波形图,该模块在使用过程中能够较准确地显示出波形;测量显示区用以显示所测数据;右上角还添有实时时间显示。

设计中其前面板和程序框图分别如图 9.26 和图 9.27 所示。

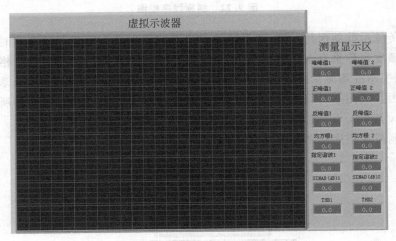

图 9.26　前面板显示界面图

程序说明:测量显示区有与通道号对应的信号,通过采用属性节点中的可见属性,来实现显示数据的隐藏和显示。如:通道一开通且显示数据为真时,与门输出为 1,则测量数据为可见显示;相反若为假,则禁用隐藏。

文件读取操作主要有两个功能模块:写入二进制文件(Write to Binary File)和读取二进制文件(Read from Binary File)。写入二进制文件的节点的功能是添加数据至现有文件,或替换文件的内容;读取二进制文件的功能是从文件中读取二进制文件。

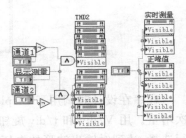

图 9.27　后面板程序框图

写入二进制文件和读取二进制文件节点的图标如图 9.28 所示。

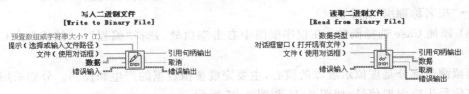

图 9.28　写入二进制文件和读取二进制文件节点

过程控制模块主要对数据进行保存和读取,及实现相关信息的显示。当按下前面板的"保存"按钮时,出现一个文件存储对话框,选择存储路径,输入要存储的文件名,即可以将文件存储在计算机中;同理,"读取"按钮要先读取文件的目录,然后打开读取文件,就会出现文件读取子程序的前面板,将存储在文件中的数据以波形的形式显示出来。过程控制模块前面板和程序框图如图 9.29 和图 9.30 所示。

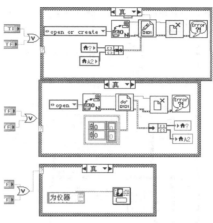

图 9.29　过程控制模块前面板　　　　　图 9.30　过程控制模块程序框图

9.2.5　调试及显示结果

将设计好的各个功能模块集成到一起,就可以形成一个功能完善的虚拟示波器。在调试时需要注意的问题为:①VI 程序存在语法错误;②数据流向问题。

显示结果前面板如图 9.31 所示。

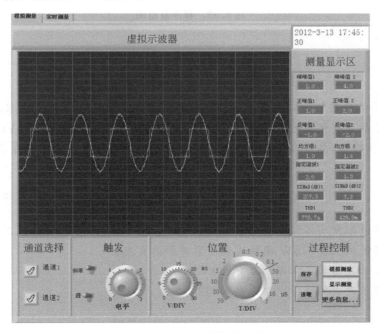

图 9.31　虚拟示波器前面板

显示结果程序框图如图 9.32 所示。

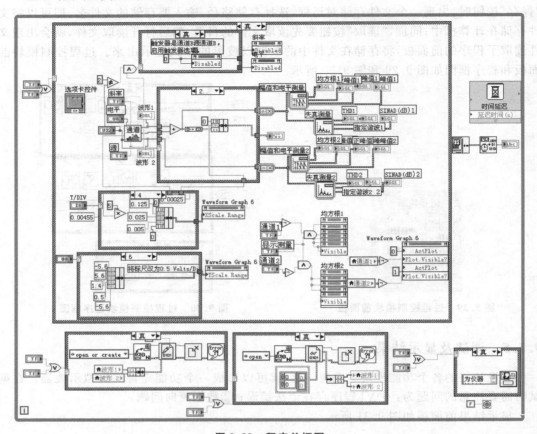

图 9.32　程序总框图

本 章 小 结

LabVIEW 是当前用于数据采集、信号处理和虚拟仪器开发的一个标准工具。通过本章的学习,应了解虚拟仪器的原理及开发技术,掌握虚拟仪器软件平台 LabVIEW 的基本的编程方法及调试技术,并结合多功能数据采集卡来完成两种虚拟仪器的程序设计。

习　　题

9.1　设置波形发生器的主要参数有哪些?

9.2　如何使用 LabVIEW 编程实现任意波形的发生?

9.3　虚拟示波器的工作原理是什么?

9.4　虚拟示波器的硬件电路包括哪些?

参 考 文 献

[1] 刘胜,张兰勇,章佳蓉,刘刚.LabVIEW 2009 程序设计[M].北京:电子工业出版社,2010.

[2] 刘其和,李云明.LabVIEW 2009 虚拟仪器程序设计与应用[M].北京:化学工业出版社,2011.

[3] 张爱平.LabVIEW 入门与虚拟仪器[M].北京:电子工业出版社,2009.

[4] 岂兴明,田京京,夏宁.LabVIEW 入门与实践开发 100 例[M].北京:电子工业出版社,2011.

[5] 肖成勇,雷振山,魏丽.LabVIEW 2010 基础教程[M].北京:中国铁道出版社,2011.